"十四五"首批广西壮族自治区
职业教育规划教材

全国电力行业"十四五"规划教材
新形态教材

# 垃圾焚烧
# 发电技术

主　编　黄燕生　黄儒斌

副主编　杨宏民　崔艳华　曾国兵
　　　　景玉博

参　编　林书婷　赵芳芳　李次春
　　　　王志强　王恩营　季红春
　　　　王小亮　徐　博　王　刚
　　　　李　冰　张　旭　傅玉栋

主　审　刘　晓

中国电力出版社
CHINA ELECTRIC POWER PRESS

## 内 容 提 要

本书主要介绍垃圾焚烧发电机组设备及运行，内容包括垃圾焚烧基础知识、生活垃圾及利用、垃圾焚烧物质平衡及热平衡、垃圾储存及进料系统、垃圾焚烧系统、余热锅炉系统及设备、垃圾焚烧锅炉烟气处理系统、垃圾焚烧发电机组的启动与停运、垃圾焚烧发电机组运行调整等。本书将现代职业教育技术融入其中，包含设备结构、流程动画、操作指导视频等丰富的教学资源，为新形态职业教育教材。

本书可作为热能与发电工程与新能源发电工程类专业在校学生专业知识拓展课程用教材及参考书，也可作为同类型相关专业在校学生及现场垃圾焚烧发电机组运行、检修人员培训的教材和教学参考书，还可供从事垃圾焚烧发电机组工作的技术人员参考。

**图书在版编目（CIP）数据**

垃圾焚烧发电技术/黄燕生，黄儒斌主编 . —北京：中国电力出版社，2024.1（2025.3重印）
ISBN 978-7-5198-8232-7

Ⅰ.①垃… Ⅱ.①黄… ②黄… Ⅲ.①垃圾发电 Ⅳ.①X705

中国国家版本馆 CIP 数据核字（2023）第 217738 号

---

出版发行：中国电力出版社
地　　址：北京市东城区北京站西街 19 号（邮政编码 100005）
网　　址：http：//www.cepp.sgcc.com.cn
责任编辑：吴玉贤
责任校对：黄　蓓　李　楠
装帧设计：赵姗姗
责任印制：吴　迪

---

印　　刷：三河市航远印刷有限公司
版　　次：2024 年 1 月第一版
印　　次：2025 年 3 月北京第三次印刷
开　　本：787 毫米×1092 毫米　16 开本
印　　张：10.25
字　　数：253 千字
定　　价：36.00 元

---

# 前　　言

为了落实我国"双碳"目标，构建以新能源为主体的新型电力系统，适应垃圾焚烧发电行业对高技术技能型人才的需求，我们编写了本教材。

教材充分体现高等职业教育的基本要求和特色，突出了现场实际操作技能及技术应用。依据垃圾发电厂实际生产过程，以实际工作过程为导向，对接真实工作岗位，以实际生产中对运行人员的培训模式为教学模板，对相关的生产实训过程采用典型工作任务为载体的项目化教学编排，教材内容从设备、系统认知到机组的启动、停运、正常运行及事故处理几方面进行编写，涵盖了发电企业生产全过程。

教材重点关注垃圾发电技术领域的新知识、新技术、新设备、新工艺，融入垃圾焚烧发电运行技术规范及标准、生活垃圾焚烧污染控制标准、1＋X 垃圾焚烧发电运行与维护证书标准。教材集纸质和数字资源于一体，既保留了以往教材的特色，又包含大量视频、动画、微课等数字化资源，实现立体可视化，能满足线上线下教学活动的需求。

本教材由多所职业院校双师型教师和企业专家组成编写团队，为校企共同开发双元教材，团队成员具有丰富的教学经验及企业工作经验，其中黄燕生、黄儒斌担任主编，杨宏民、崔艳华、曾国兵、景玉博担任副主编，林书婷、赵芳芳、李次春、王志强、王恩营、季红春、王小亮、徐博、王刚、李冰、张旭、傅玉栋参加了部分章节的编写，杨宏民负责全书的统稿工作。教材数字化资源由博努力（北京）仿真技术有限公司制作完成。

本书在编写过程中，参阅了参考文献中列出的正式出版文献以及有关兄弟院校和企业的技术资料、说明书、图纸等，并得到了相关院校老师和企业同行的热情帮助，在此一并表示衷心的感谢。

由于编者水平所限，教材及资源中疏漏和不妥之处在所难免，恳请读者批评指正。

编　者
2024 年 1 月

# 目　　录

# 第一章 垃圾焚烧基础知识

## 第一节 垃圾焚烧发电厂

**一、垃圾焚烧发电厂生产过程**

按利用能源的类别不同，发电厂可分为传统火力发电厂、水力发电厂、核能发电厂、太阳能发电厂、垃圾焚烧发电厂、地热发电厂、风力发电厂、潮汐发电厂等。垃圾焚烧发电主要目的是对垃圾进行无害化处理。在垃圾围城日益严峻的形势下，垃圾焚烧发电已成为"减量化、无害化、资源化"处置生活垃圾的最佳方式。

垃圾焚烧发电厂的生产过程如图 1-1 所示。垃圾由运输车运至焚烧厂垃圾储坑，垃圾吊车将垃圾送入给料斗，经推料器送入焚烧炉，垃圾在焚烧炉内干燥并燃烧放热，焚烧垃圾产生的高温烟气将余热锅炉中的水加热成为具有一定压力和温度的过热蒸汽，蒸汽沿主蒸汽管道进入汽轮机膨胀做功并带动发电机一起高速旋转，从而发出电来，电能通过电网，输送到各地，实现了垃圾处理的资源化。在汽轮机中做完功的蒸汽排入凝汽器凝结成水，后被凝结水泵输送至除氧器，在除氧器中水被加热除氧后，又通过给水泵送至锅炉，重复上述循环。

垃圾发电厂的
生产过程

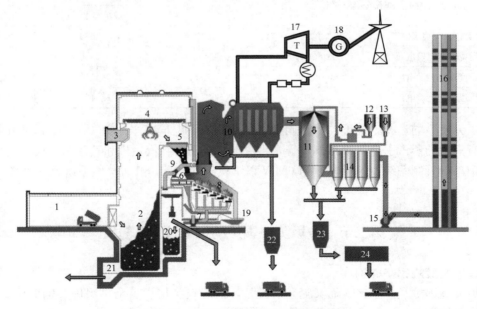

图 1-1 垃圾焚烧发电厂的生产过程

1—卸料平台；2—垃圾储坑；3—一次风吸风口；4—垃圾抓斗；5—垃圾给料斗；6—给料器；

7—一次风机；8—垃圾焚烧炉排；9—二次风机；10—余热锅炉；11—脱硫（脱酸）塔；12—消石灰储仓；

13—活性炭储仓；14—布袋除尘器；15—引风机；16—烟囱；17—汽轮机；18—发电机；

19—除渣机；20—渣坑；21—渗沥液；22、23—灰仓；24—飞灰固化

## 二、垃圾焚烧发电厂能量转换

垃圾焚烧发电厂中存在着三种形式的能量转换过程：在焚烧炉中垃圾的化学能转化为热能；在汽轮机中热能转化为机械能；在发电机中机械能转化为电能。进行能量转换的主要设备——锅炉、汽轮机和发电机，被称为发电厂的三大主机。锅炉是垃圾发电厂中实现最基本能量转换的设备，其作用是使垃圾在炉内燃烧放热，并将锅内工质由水加热成具有足够数量和一定质量（汽压、汽温）的过热蒸汽，供汽轮机使用。另外，垃圾焚烧会产生有害物质，处理不好会造成环境污染，因此锅炉工作的好坏对整个发电厂的安全、经济、清洁运行关系极大。

## 三、垃圾焚烧发电厂的系统配置

根据我国目前生活垃圾的特点与发展趋势，结合设备技术条件与处理功能要求，以及运营管理、停炉检修等条件，参考国外一些垃圾焚烧发电厂的建设经验，垃圾焚烧发电厂一般设置 2～4 条焚烧线。

在总处理规模确定的条件下，采用单台规模大的焚烧炉可减少焚烧线数，使全厂设备与运行人员数量及正常检修工作量减少，焚烧厂建设和运行更经济。例如采用 2 条线比 3 条线的投资节省 15％左右，运行费用节省 10％～15％。当必须全量焚烧时，为解决垃圾焚烧锅炉分批检修时处理计划内的垃圾量，焚烧线不宜少于 3 条。建议的单台焚烧炉最小容量见表1-1。

表 1-1　　　　　　　　　　　　建议的单台焚烧炉最小容量

| 垃圾焚烧发电厂规模分类（t/d） | | 理论上单台焚烧炉最小容量（t/d） | 建议焚烧炉 | |
|---|---|---|---|---|
| | | | 最小容量（t/d） | 台数 |
| 特大类垃圾焚烧发电厂 | ＞2000 | 500 | 660 | ≥3 |
| Ⅰ类垃圾焚烧发电厂 | ＞1200～2000 | 300 | 400 | 2、3 |
| Ⅱ类垃圾焚烧发电厂 | ＞600～12 000 | 150 | 300 | 2、3 |
| Ⅲ类垃圾焚烧发电厂 | 150～600 | 37.5 | 150 | 1、2 |

为了方便不同运行工况下的机组调度，垃圾焚烧发电厂多采用 2～4 炉配 2 机方案。发电厂所有锅炉的蒸汽引至一根蒸汽母管，再由母管分别引到汽轮机和其他用汽处，这种系统称为集中单母管制系统。单机容量为 6MW 以下机组的电厂，其主蒸汽系统常采用集中单母管制。

# 第二节　垃圾焚烧锅炉的构成及工作过程

## 一、垃圾焚烧锅炉的构成

垃圾焚烧锅炉是一个庞大而又复杂的设备，由垃圾焚烧炉、余热锅炉及辅助设备构成。垃圾焚烧锅炉设备构成及工作流程如图 1-2 所示。

目前使用最广泛的焚烧炉为机械炉排炉，此炉排可使焚烧操作连续化、自动化，其主要部件包括：干燥炉排、燃烧炉排、燃尽炉排、液压系统、炉排冷却装置、润滑装置等。

余热锅炉是整个垃圾焚烧发电厂中的关键设备之一。其原理为利用垃圾燃烧后产生的高温烟气加热锅炉中的给水产生过热蒸汽，过热蒸汽推动汽轮发电机组发电。余热锅炉一般为

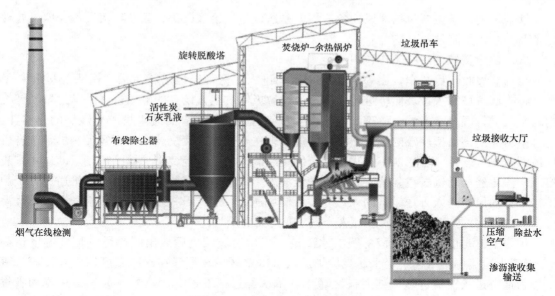

图 1-2　垃圾焚烧锅炉设备构成及工作流程

单汽包自然循环锅炉，卧式、室内布置，余热锅炉的结构如图 1-3 所示。

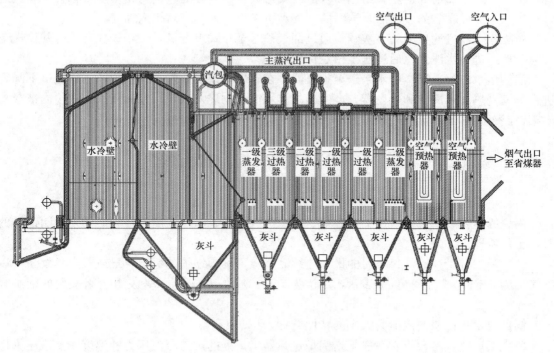

图 1-3　余热锅炉的结构

余热锅炉由锅炉本体和辅助设备组成。锅炉本体由锅和炉两部分组成。锅由水冷壁、汽包、蒸发器、过热器及省煤器等组成；炉由烟道、吹灰器、点火燃烧器、辅助燃烧器、炉膛火焰监视装置、炉墙冷却装置、空气预热器等组成。

锅炉辅助设备主要包括通风设备、垃圾输送设备、给水设备、除渣除灰设备、烟气处理设备及一些锅炉附件。

### 二、垃圾焚烧锅炉的工作过程

生活垃圾收集后装车，由垃圾运输车运输进入厂区，经地磅称重后，进入垃圾卸料平台，将生活垃圾卸入垃圾储坑进行发酵，通过垃圾储坑上方设置的电动桥式吊车对垃圾储坑内的垃圾进行混合、搅拌、整理和堆积作业，然后将发酵充分的垃圾投入焚烧炉的给料斗，通过给料斗下部溜槽底端的推料器将入炉垃圾推送至炉膛的焚烧炉排上面经吸热烘干、有机气体的析出、燃烧、燃尽四个过程，完全燃烧后剩余的残渣经焚烧炉排的往复运动送入排渣机，灰渣再经振动输送机、公共输送机送至渣库。垃圾焚烧需要的空气由送风机通过焚烧炉炉排下方的风室送入，送风机的入口与垃圾储坑连通，这样可将垃圾的臭味空气送入燃烧温度为 850～1100℃ 的焚烧炉内进行热分解，变为无臭烟气。

炉排上方是由锅炉管组成的膜式水冷壁，入炉垃圾焚烧后放出的热量使烟气温度达到850℃以上，高温烟气由下至上从焚烧炉进入水冷壁区域，烟气在水冷壁区域中经过三个垂直辐射通道进入对流区域。在对流区域烟气依次经过蒸发器、过热器、烟气预热器和省煤器，最后排入烟气处理设备。烟气由反应塔顶部进入反应塔，与高速旋转的雾化器喷入的石灰浆进行化学反应，在反应塔内进行脱酸和降温处理后的烟气由反应塔的下部进入布袋除尘器，在布袋除尘器前的进烟管道上喷入活性炭，吸收烟气里的重金属元素及二噁英。烟气进入布袋除尘器经布袋的过滤后，洁净的烟气经引风机送入烟囱后排入大气。

布袋除尘器过滤出来的飞灰颗粒通过刮板输送至斗式提升机，经斗式提升机将其输送至灰罐，然后进行水泥固化后运送至指定位置处理。

锅炉给水由除氧器经给水泵送至省煤器，在省煤器预热后输送到汽包，然后通过下降管进入蒸发受热面水冷壁和蒸发器，产生出的汽水混合物进入汽包。饱和蒸汽在汽包内被分离出来，经过过热器加热成过热蒸汽，送往蒸汽母管，供汽轮机或热用户使用。

## 第三节　锅炉的技术规范、分类及型号

### 一、锅炉的技术规范

锅炉的主要技术规范是指锅炉容量、锅炉蒸汽参数、给水温度等，它们用来说明锅炉的基本工作特性。

（1）锅炉容量。锅炉每小时的最大连续蒸发量，称为锅炉的额定容量或额定蒸发量，以下简称为 MCR。常用符号 $D_e$ 表示，单位为 t/h。例如 100MW 汽轮发电机组配用的锅炉容量为 410t/h。

锅炉容量是说明产汽能力大小的特性数据。

（2）锅炉蒸汽参数。它一般是指锅炉过热器出口处的过热蒸汽压力和温度。蒸汽压力用符号 $p$ 表示，单位为 MPa；蒸汽温度用符号 $t$ 表示，单位为 ℃。例如 100MW 汽轮发电机组配用的高压锅炉，其蒸汽压力为 9.8MPa（表压力），蒸汽温度为 540℃。

对于具有中间再热的锅炉，蒸汽参数中还应包括再热蒸汽压力和温度。

锅炉蒸汽参数是说明锅炉蒸汽规范的特性数据。

（3）给水温度。给水温度是指给水在省煤器入口处的温度。不同蒸汽参数的锅炉，其给

水温度不相同。

锅炉给水温度是说明锅炉给水规范的特性数据。

（4）锅炉热效率。锅炉热效率是指锅炉输出热量（即有效利用热量）占输入锅炉热量的百分数。

**二、垃圾焚烧锅炉分类及型号**

锅炉按用途可分为工业锅炉、电站锅炉、船用锅炉和机车锅炉等。此处主要介绍电站锅炉的分类。

（一）电站锅炉分类

锅炉根据其工作条件、工作方式和结构型式的不同，可有多种分类方法。

1. 按锅炉容量分类

考虑现阶段我国锅炉工业发展情况，锅炉容量的划分：$D_e < 450t/h$ 为小型锅炉；$D_e = 670 \sim 1100t/h$ 为中型锅炉；$D_e > 1100t/h$ 为大型锅炉。但上述分类是相对的，随着锅炉容量日益增大，目前大型锅炉若干年后只能算中型。

2. 按蒸汽压力分类

$p \leqslant 1.27MPa$ 为低压锅炉；

$p = 2.45 \sim 3.8MPa$ 为中压锅炉；

$p = 9.8MPa$ 为高压锅炉；

$p = 13.7MPa$ 为超高压锅炉；

$p = 16.7MPa$ 为亚临界压力锅炉；

$p \geqslant 22.1MPa$ 为超临界压力锅炉。

3. 按燃用燃料分类

按燃用燃料分类分为燃煤炉、燃油炉、燃气炉。

4. 按燃烧方式分类

按燃烧方式分为层燃炉、室燃炉（煤粉炉、燃油炉等）、旋风炉、沸腾炉等。

锅炉按燃烧
方式分类

层燃炉是指煤块或其他固体燃料在炉箅上形成一定厚度的料层进行燃烧，通常把这种燃烧称为平面燃烧；室燃炉是指燃料在炉膛（燃烧室）空间呈悬浮状进行燃烧，通常把这种燃烧称空间燃烧，它是目前电厂锅炉的主要燃烧方式；旋风炉是一种以旋风筒作为主要燃烧室的炉子，粗煤粉（或煤屑）和空气在旋风筒内强烈旋转并进行燃烧。它基本上也属于空间燃烧，但其燃烧速度要比煤粉炉高得多；沸腾炉是指煤粒在炉箅（布风板）上上下翻腾，呈沸腾状态进行燃烧，这是一种平面与空间相结合的燃烧方式，这种炉型特别适宜于烧劣质燃料。

5. 按工质在蒸发受热面中的流动特性即水循环特性分类

按工质流动特性分为自然循环锅炉、强制流动锅炉。强制流动锅炉又分为控制循环锅炉、直流锅炉、复合循环锅炉等。

锅炉按水循环
特性分类

6. 按锅炉的排渣方式分类

按排渣方式分为固态排渣炉和液态排渣炉。

上述每一种分类仅反映了某一方面的特征。为了全面说明某台锅炉的特征，常同时指明其容量、蒸汽压力、工质在蒸发受热面中的流动特性以及燃料特性等。例如某台锅炉为 410t/h 高压自然循环固态排渣煤粉炉。

（二）垃圾焚烧锅炉分类

（1）单台焚烧炉额定焚烧垃圾量典型分类见表 1-2。

表 1-2　　　　　　　　　　　单台焚烧炉额定焚烧垃圾量典型分类

| 项目 | 单台焚烧炉典型值 |
|---|---|
| 额定焚烧垃圾量/（t/d） | 100，150，200，250，300，350，400，500，600，700，750，850，900，1000，1200 |

注　除以上分类外，焚烧炉可按实际需求处理量进行设计。

（2）余热锅炉应采用单汽包自然循环锅炉，按本体结构型式分类见表 1-3。

表 1-3　　　　　　　　　　　　余热锅炉按本体结构型式分类

| 本体结构型式 | 型式说明 | 代号 |
|---|---|---|
| 立式 | 烟气通道均为垂直结构 | L |
| 卧式 | 烟气通道由布置辐射受热面的垂直通道和布置对流受热面的水平通道组成 | W |
| π式 | 烟气通道由布置辐射受热面的垂直通道、布置对流受热面的水平通道和布置尾部省煤器的垂直通道组成 | P |
| 其他 | 除以上本体结构型式外，余热锅炉根据实际情况设计的其他本体结构型式 | Q |

（3）余热锅炉按蒸汽压力分类见表 1-4。

表 1-4　　　　　　　　　　　　余热锅炉按蒸汽压力分类

| 压力等级 | 过热蒸汽额定压力 $p$（表压）/MPa |
|---|---|
| 低压 | $0.8 < p < 3.8$ |
| 中压 | $3.8 \leqslant p < 5.3$ |
| 次高压 | $5.3 \leqslant p < 9.8$ |
| 高压 | $9.8 \leqslant p < 13.7$ |
| 超高压 | $13.7 \leqslant p < 16.7$ |

注　低压余热锅炉作工业用途，中压及以上压力等级余热锅炉作发电用途。

（三）垃圾焚烧锅炉型号

1. 焚烧炉产品型号

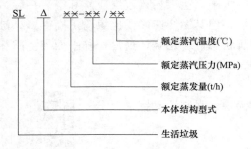

图 1-4　余热锅炉产品型号

焚烧炉产品型号由三部分组成，SLJ×××，其中 SL 为生活垃圾，J 为机械炉排焚烧炉，××× 为额定焚烧垃圾量（单位为 t/d）。例如：SLJ600 表示焚烧处理生活垃圾的机械炉排焚烧炉，额定焚烧垃圾量为 600t/d。

2. 余热锅炉产品型号（图 1-4）

示例：SLL58-4.0/400 表示回收生活垃圾焚烧余热，本体结构型式为立式的余热锅炉，额定蒸发量为 58t/h，额定蒸汽压力为 4.0MPa，额定蒸汽温度为 400℃。

生活垃圾焚烧炉及余热锅炉产品型号中的本体结构代号见表1-3。产品型号中的数值采用阿拉伯数字表示，型号中只写数字，不写计量单位。

### 三、锅炉的安全技术指标

**1. 连续运行小时数（h）**

连续运行小时数是指两次检修中间的运行小时数。

**2. 事故率**

事故率是指总事故停用小时数占总运行小时数和总事故小时数之和的百分比。

**3. 可用率**

可用率是指总运行小时数和总备用小时数之和占统计期间总小时数的百分比。

## 第四节　垃圾焚烧发电的发展

### 一、垃圾焚烧发电的选择

垃圾焚烧是一种较古老的传统的处理垃圾的方法，由于垃圾用焚烧法处理后，减量化效果显著，节省用地，还可消灭各种病原体，将有毒有害物质转化为无害物，故垃圾焚烧法已成为城市垃圾处理的主要方法之一。现代的垃圾焚烧炉皆配有良好的烟尘净化装置，以减轻对大气的污染。

近年来，随着我国城镇化发展进程的不断加快，城市及农村人口数量的持续增长，使得我国生活垃圾产量不断扩大，2016—2021年全国大、中城市生活垃圾产量及增速如图1-5所示。2019年中国196个大、中城市生活垃圾产生量23 560.2万t。城市生活垃圾产生量最大的是上海市，产生量为1076.8万t，其次是北京、广州、重庆和深圳，产生量分别为1011.2万t、808.8万t、738.1万t和712.4万t。据预测，按现在垃圾增长的速度，2030年我国城市生活垃圾产生量将达到4.09亿t，2050年为5.28亿t。目前，我国每年因生活垃圾不科学处理而导致的温室气体排放量巨大。

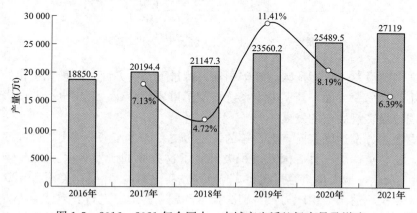

图1-5　2016—2021年全国大、中城市生活垃圾产量及增速

2020年9月22日，中国政府在第七十五届联合国大会一般性辩论上正式宣布：中国将提高国家自主贡献力度，采取更加有力的政策和措施，二氧化碳排放力争于2030年前达到峰值，努力争取2060年前实现碳中和。碳中和是指国家、企业、产品、活动或个人在一定

时间内直接或间接产生的二氧化碳或温室气体排放总量，通过植树造林、节能减排等形式，以抵消自身产生的二氧化碳或温室气体排放量，实现正负抵消，达到相对"零排放"。

垃圾发电不仅能有效减量垃圾，还能有机地结合能源转换，将废物转为电能，因此垃圾发电将成为主要趋势。垃圾领域的碳减排潜力很高，垃圾的焚烧和垃圾的回收这两个方向都会带来很大的减排效果，而垃圾焚烧发电本质上也是属于新能源发电的其中一个分类。相较于传统的以煤炭等燃料为主的火力发电模式，高效的垃圾焚烧发电拥有较为显著的减排效果。近年来，国家大力支持垃圾发电产业发展，发布了一系列鼓励政策，为垃圾发电行业的发展提供了良好的发展环境。

2019 年以来，中国生物质发电量持续增长，2021 年中国生物质发电量 1637 亿 kWh 时。2022 年全年，生物质发电新增装机容量 334 万 kW，累计装机达 4132 万千瓦。其中，生活垃圾焚烧发电新增装机 257 万千瓦，累计装机达到 2386 万千瓦，同比增长 11%；累计发电量 1268 亿千瓦时，同比增长 17%；新增装机量较多的省（区）为广东、广西、河南、贵州、湖南等，发电量较多的省份为广东、浙江、山东、江苏、河北。2022 年垃圾焚烧发电累计发电量如图 1-6 所示。

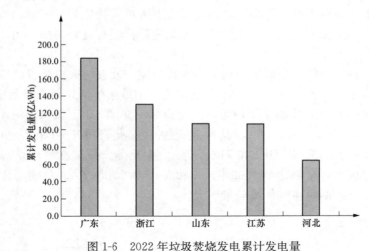

图 1-6　2022 年垃圾焚烧发电累计发电量

在生态文明建设总体目标及碳达峰碳中和大背景下，一方面，垃圾无害化处理成为需要重视的城市难题；另一方面，新型电力系统被赋予重要使命，垃圾发电行业前景广阔。

**二、我国垃圾焚烧发电的发展**

垃圾发电在西方发达国家已有上百年的发展历史。20 世纪 70 年代，德国率先进行垃圾发电。随后，法、英、美、日等国家也积极开展了这方面的研发利用。2022 年全球垃圾发电厂已达 3000 余座，最大单机容量超过 100MW。其中德国 78 座，美国近 400 座，日本土地资源紧缺，更是不遗余力组织力量，解决技术问题，并通过发行股票债券等方式融资投建垃圾电厂，焚烧率已超过 70%。受资金和技术的限制，我国垃圾发电起步较晚，最早的垃圾发电厂直到 1988 年才投入运行。由于垃圾发电兼具经济和环境效益，国家自"十五"期间开始鼓励其发展。近几年我国垃圾发电发展尤为迅速，每年呈现成倍增长态势。目前，世界新建的垃圾焚烧设施中超过一半都在中国，国内已有近 30 个省、市和自治区的城市建成了垃圾发电厂，70% 以上的焚烧厂集中在东部地区。

"十三五"期间，全国共建成生活垃圾焚烧发电厂 254 座，累计运行生活垃圾焚烧发电厂超过 500 座，焚烧设施处理能力 58 万 t/d，初步形成了新增处理能力以焚烧为主的垃圾处理发展格局。2020 年底，我国城镇生活垃圾焚烧处理能力约为 66.19 万吨/日，城市生活垃圾焚烧处理能力占比为 58.93%。《"十四五"城镇生活垃圾分类和处理设施发展规划》提出：到 2025 年底全国城镇生活垃圾焚烧处理能力达到 80 万 t/d 左右，城市生活垃圾焚烧处理能力占比 65% 左右。届时全国垃圾焚烧发电平均每年可因节约标煤 0.26 亿吨而减排二氧化碳 0.5 亿吨，平均每年还因代替垃圾卫生填埋而减排二氧化碳 1.2 亿吨。

随着我国城市化进程的不断发展，生活垃圾收运量的大幅度提高，生活垃圾无害化处理市场有望持续发展。我国垃圾焚烧企业高度重视和依托技术创新，积极运用大数据、人工智能、5G 等多种新兴技术，推动新技术与核心业务深度融合，开发高效节能低氮氧化物的新型炉排焚烧技术，降低污染物排放浓度，提高发电效率；开发"无废城市工业互联网平台"，实现城市固废处理全产业链智慧管理，进一步打造垃圾焚烧行业的产业链。垃圾焚烧发电行业的上游行业主要包括垃圾清运、垃圾发电项目设计建造、垃圾焚烧设备制造等；垃圾焚烧行业下游行业主要为电网公司。

目前，我国生活垃圾处理已全面进入焚烧阶段且处于行业成熟期，生活垃圾焚烧发电装机容量、发电量和垃圾处理量均居世界第一。

**三、垃圾焚烧发电技术应用**

通过引进创新和自主研发，垃圾焚烧发电技术在我国迅速得到推广应用，有效促进了生活垃圾能源化利用。

1. 国内垃圾焚烧技术应用现状

我国生活垃圾焚烧技术的研究起步于 20 世纪 80 年代中期，"八五"期间被列为国家科技攻关项目。1988 年深圳清水河垃圾焚烧发电厂是我国引进日本三菱重工成套焚烧处理设备（焚烧炉采用马丁逆向往复炉排）建成的第一座现代化焚烧厂。1999 年广东省环保产业协会协助广州劲马动力设备集团公司引进了加拿大瑞威环保公司的控制空气氧化（CAO）热解焚烧发电技术的两段式热解焚烧炉。2000 年重庆三峰卡万塔环境产业有限公司引进了德国马丁垃圾焚烧与烟气净化技术，完全实现技术和设备的国产化，率先建立了垃圾焚烧国产化基地，并在重庆投资建成中国首座以 BOT 模式（建设—运营—移交）运作的垃圾焚烧发电厂—重庆同兴垃圾焚烧发电厂。虽然我国生活垃圾处理技术起步较晚，但近年来在国家产业政策的支持下，我国垃圾焚烧技术得到了迅速发展，垃圾焚烧发电产业在我国呈现出迅猛增长的势头，垃圾焚烧发电技术逐渐成熟，设备国产化进程加快。

在垃圾焚烧设施建设不断发展的同时，我国科技人员针对我国特点，不断研发完善相关技术，使我国城市生活垃圾焚烧技术水平有了明显突破，显示出强劲的后发优势。经过多年的实践，垃圾焚烧技术在我国成功实现了从能烧、烧得好到清洁焚烧的发展，实现了从模仿、改良到超越的突破。目前，我国垃圾焚烧技术正在朝着更高层次不断发展。

现在，不少地方的垃圾焚烧设施园区还成为垃圾分类宣传教育基地。市民在这里可以实地观看整个垃圾处理过程以及资源回收利用过程。漂亮干净的厂房园区、光电演示的流程模型、清洁明亮的中央控制室、先进无味的处理设备和工艺等，让参观者大开眼界。

2. 垃圾焚烧技术的发展方向

目前，以机械炉排焚烧炉为代表的垃圾焚烧技术已比较成熟，并在应用中取得了良好的效益，但垃圾焚烧技术远未完善，纵观近年来生活垃圾焚烧技术的发展过程，可以发现有以下四个比较明显的特点：

（1）焚烧技术正向着自我完善方向发展。焚烧设备构造的不断改进，废气处理新技术的广泛应用，特别是许多高新技术在垃圾焚烧发电厂的应用，促使垃圾焚烧发电厂向高新技术发展。另外，先进的自控技术和新颖的外观设计，都使垃圾焚烧发电厂更加趋于完善。

（2）焚烧技术正向着多功能方向发展。现代垃圾焚烧发电厂不仅具有焚烧垃圾的功能，还具有发电、供电、供热、供汽、制冷以及区域性污水处理等多种功能。

（3）焚烧技术正向着资源化方向发展。如垃圾焚烧余热发电、焚烧残渣制砖等，使垃圾焚烧与能源回收有机结合起来。利用焚烧垃圾产生的余热进行发电，不仅可以解决垃圾焚烧发电厂内的用电需要，还可以外售盈利，促使了垃圾焚烧技术的迅速发展。另外，节能化也被国内外垃圾焚烧发电厂普遍重视。如提高焚烧炉燃烧效率及余热锅炉的热回收率、减少排烟等散热损失，均是提高节能化的有效措施。

（4）焚烧控制技术正在向智能化方向发展。垃圾焚烧发电厂运行实现自动化后，为了保证较佳的运行状态，目前仍然必须依赖人的经验判断。智能控制技术，它不要求已知受控对象的精确数学模型，却能很好地解决大量常规控制难以解决的控制难题，在自动控制领域得以成功应用，取得了巨大的成就。由于垃圾焚烧炉炉内的燃烧过程是非常复杂的物理化学过程，是一个强耦合的多输入多输出非线性系统。而焚烧炉的安全运行与燃烧过程的稳定性密切相关，若燃烧稳定性下降会出现燃烧效率降低、焚烧污染物排放增加、二次污染和高温腐蚀加剧，甚至有可能对安全性和经济性产生严重影响。智能控制技术的发展，使垃圾焚烧发电厂设备及系统故障的自我诊断功能成为可能，从而得以实现低故障率和高运转率。

目前我国垃圾焚烧发电主要为中温中压（400℃，4.0MPa）机组，近年来，由于优质耐腐蚀材料应用于锅炉，锅炉受热面的寿命显著提高，虽然投资和运行成本有所增加，但综合经济效益较好，中温次高压参数（450℃，5.3MPa或450℃，6.5MPa）的应用显著增加，并有进一步向中温、高压和超高压参数应用的趋势。我国已建有主蒸汽参数为6.5MPa、450℃，再热蒸汽温度为420℃的中温次高压带再热器的垃圾焚烧发电机组。

# 第二章 生活垃圾及利用

## 第一节 城市生活垃圾及处理

### 一、城市生活垃圾

城市生活垃圾又称为城市固体废物，它是指在城市居民日常生活中或为城市日常生活提供服务的活动中产生的固体废物，主要包括厨余物、废纸、废塑料、废织物、废金属、砖瓦渣土、废旧家具、废旧电器、庭院废物等。2022年我国城市人均垃圾日产量为1.1kg左右。城市生活垃圾主要产自城市居民家庭、城市商业餐饮业、旅馆业、旅游业、服务业、市政环卫业、交通运输业、文教卫生和行政事业单位、工业企业单位以及污水处理厂污泥等。它的主要特点是成分复杂、有机物含量高。

随着经济的高速发展、人民生活水平的迅速提高、城市化进程的不断加快，城市垃圾产生量急剧增加。城市生活垃圾在输送、储存与燃烧过程均存在产生二次污染的可能，对大气、土壤、水等造成污染，不仅影响城市环境质量，而且威胁着国民的健康，成为社会公害之一，城市防止垃圾污染已成为我国现代化建设中一个越来越紧迫的问题。如何增强人们的环境观念、提倡适度消费、减少城市垃圾数量、加强垃圾管理、提高垃圾处理技术水平，是当前十分重要的课题。

### 二、城市生活垃圾的处理原则

对于固体废弃物，总的处理原则是无害化、减量化和资源化。但对不同的固体废弃物具体处理的原则有所不同，生活垃圾对环境的影响不同于建筑垃圾、燃煤锅炉灰渣等污染性较小的固体废弃物，又不同于医疗垃圾等危害性很强的固体废弃物，它的危害性介于两者之间。

**1. 无害化**

对生活垃圾而言，无害化有两方面含义：一是确保生活垃圾在收集、运输及处理过程中不会通过空气、水体和食品损害人们的健康，即垃圾中的病菌和有毒有害成分不进入人体；二是确保生活垃圾收集、运输、处理尤其是终极处置后不会对环境造成超过其自净能力的污染。

**2. 减量化**

生活垃圾减量化，主要内容是减容化，即通过工程处理使容积减小，但生活垃圾的密度较小，为$0.3\sim0.5t/m^3$，生活垃圾质量的减少，是以无害化和资源化为前提的，如垃圾分选并回收部分有用成分，则被分离的有用成分不再是垃圾了，剩下的垃圾变少了。又如，垃圾焚烧剩下的灰渣质量明显小于原始垃圾量。由于垃圾焚烧减容化程度很高，一般以减容率（即焚烧后剩余的固体灰渣与焚烧前入炉垃圾的质量之比）来表示，对于达到国家有关标准的焚烧炉而言，通常以灰渣热灼减率来表示焚烧的充分性，而不是以减容率表示，因为垃圾成分中灰分不易测定且随时变化，因此，减容率不直观且不是一个恒量。而热灼减率则以灰渣在高温（$600\,^\circ\mathrm{C}\pm25\,^\circ\mathrm{C}$）、长时间（3h）条件下减少的质量占原始灰渣质量的百分比，这个量可以较为直接、客观地反映焚烧的充分性。

3. 资源化

废弃物的资源化是通过一定的工艺措施，从废弃物中回收对人类的生产、生活有使用价值的能量。生活垃圾资源化手段大致有三类：一是通过分类收集和分选回收其中纸制品、人工高聚物、金属等；二是通过生物质制肥；三是通过热处置回收热量进行供热、制冷或发电。我国生活垃圾没有分类收集，成分复杂，可利用的物质并不多且不易有效分离，因此资源利用率并不高，也缺乏经济效益。废弃物的资源化除了受热力学定律和物质迁移过程的客观规律的支配外，还受到生产方式、经济规律的支配。例如生活垃圾发电成本远远高于火力发电的成本，倘若没有政策性支持，垃圾发电在成本上绝对无法与火力发电竞争。

总之，对生活垃圾的处理要求按照无害化、减容化和资源化的原则进行，其中无害化是首要而基本的，在无害化前提下尽可能对垃圾进行减容减量，并在一定条件下利用垃圾中的可利用资源。

**三、城市生活垃圾处理方法**

从世界范围看，目前比较成熟的城市生活垃圾处理方法主要有卫生填埋、堆肥、垃圾焚烧及综合处理及资源化利用。

1. 卫生填埋处理技术

所谓卫生填埋，就是能对渗沥液和填埋气体进行控制的填埋方式。作为城市生活垃圾的最终处置手段，卫生填埋是应用最早、最为广泛的垃圾处理手段。卫生填埋是从传统的垃圾堆填发展起来的，是对垃圾渗沥液和填埋气体进行控制的垃圾填埋方式，通常先要进行防渗处理，在填埋场底部采用人工衬层，四周采用防渗幕墙并使之与天然隔水层相连接，使填埋场底下形成一个独立的水系，渗沥液一般通过管道收集后直接处理。垃圾填埋场产生大量的甲烷气体则经过预先埋置好的管道进行收集，收集后的气体可以焚烧发电、供热或者经过净化处理作为能源回收。

卫生填埋技术成熟，操作管理简单，投资和运行费用相对较低，是目前世界上多数国家垃圾处理的主要方法。但这种垃圾处理方式的缺点是垃圾减量减容效果差，需占用大量土地资源，填埋物受到地理和水文地质条件限制多，场址选择较困难；渗沥液治理难度大，处理中不易达到预期目标，渗沥液很容易对地下水和土质造成污染；另外，垃圾填埋场产生沼气的收集、处理难度也较大。垃圾填埋的处理方法不适合人口密集、土地资源紧缺的国家和地区。国外正在逐步减少垃圾直接填埋量，尤其是欧共体各国，已强调垃圾填埋只能是最终处置手段，而且只能是无机物垃圾，有机物含量大于5%的垃圾不能进入填埋场。

2. 堆肥处理技术

垃圾堆肥是利用微生物、有控制地促进城市生活垃圾中可降解有机物转化为稳定的腐殖质的生化过程。城市生活垃圾中因含有一定量的有机质，经自然界广泛分布、种类繁多的微生物作用，通过生物化学变化，能将不稳定的有机物转化为较稳定的腐殖质。按生物发酵方式不同，堆肥处理可分为厌氧堆肥和好氧堆肥（高温堆肥）；按垃圾所处的状态不同，可分为静态堆肥和动态堆肥；按发酵设备形式不同，可分为封闭式堆肥和敞开式堆肥。目前较好的堆肥方式是动态高温堆肥。

堆肥处理是我国城市垃圾处理使用最早也是在早期阶段使用最多的方式。堆肥处理主要采用低成本堆肥系统，大部分垃圾堆肥处理场采用敞开式静态堆肥。"七五"和"八五"期间，我国相继开展了机械化程度较高的动态高温堆肥研究和开发，并取得了积极成果。

我国城市生活垃圾堆肥处理面临的主要问题：过分追求机械化，而堆肥专用机械不过关，造成运行不可靠、堆肥成本高；混合收集的垃圾生产的堆肥，产品质量低，不便用于农田生产，农民更倾向于使用肥效高、见效快的化肥，严重影响了堆肥市场。静态好氧发酵堆肥技术机械化程度低，实用性强，工艺简单，投资少，操作简单，运行费用低。但因堆肥质量不高，堆肥筛上物未得到处理，臭气、污水等二次污染对周围的环境影响较大，其应用也受到一定的限制。

当前，垃圾处理的投入与垃圾处理的需求相比仍明显不足，垃圾处理的水平还很低，从总体上讲，城市生活垃圾处理还处于由粗放到精细处理的发展阶段。主要表现为垃圾堆放现象普遍存在，垃圾处理场的二次污染相当普遍。

3. 垃圾焚烧发电技术

焚烧是一种城市垃圾的高温处理工艺，在 $850\sim1000℃$ 的焚烧炉炉膛内，垃圾通过燃烧，其中的化学活性成分被充分氧化，留下的无机组分成为熔渣被排出，在此过程中垃圾的体积得到缩减，其易腐的性质得到了充分的改变。一般而言，垃圾在焚烧时将依次经历脱水、脱气、起燃、燃烧、熄火等几个步骤。

垃圾焚烧发电就是把垃圾收集后，通过特殊的焚烧锅炉燃烧，再通过汽轮发电机组发电。高温焚烧后的垃圾能较彻底地清除有害物质，焚烧后的残渣只有原来体积的 $10\%\sim30\%$，延长了填埋场的使用寿命，缓解了土地资源的紧张状况，同时资源潜力巨大，经济效益可观。我国垃圾焚烧处理从无到有，不断发展。深圳市于 1985 年从日本三菱重工成套引进两台日处理能力为 150t/d 的垃圾焚烧炉，成为我国第一座现代化垃圾焚烧发电厂。国内一些经济基础较好的城市如上海、广州、北京等都建设了较高标准的垃圾焚烧发电厂，这些焚烧厂多为通过利用国外资金、引进关键技术或设备、按照较高污染控制标准来建设的现代化大型垃圾焚烧发电厂。近十年来，我国新增垃圾焚烧处理厂超过 500 座。目前，我国城镇生活垃圾焚烧处理率超 50%，已成为生活垃圾处理的主要方式。

垃圾焚烧处理与其他处置方法相比具有以下独特的优点：

（1）能够使垃圾的无害化处理更为彻底。经过 $700\sim900℃$ 的高温焚烧处理，垃圾中除重金属以外的有害成分充分分解，细菌、病毒能被彻底消灭，各种恶臭气体得到高温分解尤其是对于可燃性致癌物、病毒性污染物、剧毒有机物几乎是唯一有效的处理方法。

（2）垃圾减量化效果明显。城市生活垃圾中含有大量的可燃物质，焚烧处理可以使城市垃圾的体积减小 90% 左右，质量减少 $80\%\sim85\%$。焚烧处理是目前所有垃圾处理方式中最有效的减量化手段。

（3）可实现垃圾的资源化利用。垃圾焚烧产生的热量可以回收利用，用于供热或发电，焚烧产生的灰渣可作为生产水泥的原材料或者用于制砖。

（4）对环境的影响小，现代垃圾焚烧技术进一步强化了对垃圾焚烧产生的有害气体处理工艺，能够减少垃圾焚烧产生有害气体的排放，垃圾渗沥液可以喷入炉膛内进行高温分解，不会出现污染地下水的情况。

（5）能够节省大量的土地。焚烧厂占地面积小，建设一座处理能力为 1000t/d 的生活垃圾焚烧厂，只需占地 100 亩，按运行 2 年计算，共可处理垃圾 832 万 t，而且可以在靠近市区的地方建厂，缩短垃圾的运输距离。

（6）节能减碳。全国城市每年因垃圾造成的损失近 300 亿元（运输费、处理费等），而将其综合利用却能创造 2500 亿元以上的效益。减少垃圾储存过程中产生的碳排放，同时垃圾发电减少了燃煤发电的碳排放量。

鉴于上述原因，垃圾焚烧处理及综合利用是实现垃圾处理无害化、资源化、减量化最为有效的手段，具有良好的环境效益和社会效益。

4. 城市生活垃圾综合处理及资源化利用

调查表明，在生活垃圾最终处理环节，可以直接回收的废物超过 20%，其中塑料和橡胶占 6%～39%，纸类占 4%～36%，还包括一定量的织物、金属和玻璃等。这些可回收物资一烧了之，不仅利用效率低，还造成严重的烟气污染。实践证明，只要解决了机械分选筛分技术，垃圾中的可用资源绝大部分能够直接回收，同时可生产约占垃圾总量 8% 的高质量基肥，可以首先用于城市绿化和林业。

有专家说，垃圾是地球上唯一在增长的资源，也是放错了地方的资源。我们也常说要"变废为宝"。但是如果没有各种垃圾资源化利用的应用技术，垃圾还是垃圾，从来也不会自动成为"宝"。20 世纪 80 年代以来，我国垃圾生产能源和回收再利用技术得到迅速发展。1 吨废玻璃经机械化工艺处理后可生产出 2 万只啤酒瓶或相当于 1 个篮球场面积的窗玻璃；废塑料经回收利用后，可以变成原油，再从中提炼出柴油、汽油；约占城市生活垃圾总量 65%～70% 的厨余、果皮垃圾则可动用生化技术和专门的机器"吃进"，利用微生物发酵原理，在 24h 内就可将垃圾就地变成颗粒型或粉状的肥料或饲料，供公共绿地使用或供市民家庭养花。

城市生活垃圾综合处理技术是以社会、经济和环境协调发展为目标，并优化用多种管理、技术手段构筑的城市生活垃圾处理系统工程。它是在克服单一处理方法缺点的基础上，采用填埋、堆肥、焚烧、分选回收等多种方法相结合的方式去处理城市生活垃圾，从而避免和降低了因处理不当对环境造成的二次污染和资源的浪费，同时达到资源充分利用和无害化处理城市生活垃圾的目的，这些处理方式能彻底处理城市生活垃圾，基本无二次污染。而资源的回收利用，正符合国家可持续发展的战略。

城市生活垃圾综合处理要做好以下几点。第一，大部分城市生活垃圾适宜进行生物预处理，重点削减垃圾中的水分和有机物，改善垃圾特性，为后续处理和减少污染物创造条件；第二，强化垃圾的机械分选，提高混合垃圾分拣和分类效率；第三，合理选用分类处置技术，优势互补；第四，审慎发展混合垃圾焚烧技术，加强技术经济的综合评估；第五，限制混合垃圾直接填埋，源头控制污染，减少土地消耗。

我国是一个资源匮乏的发展中国家，应当大力发展循环经济，注重垃圾资源化处理，积极采取并引进先进的垃圾综合利用技术，实现经济的可持续发展。

## 第二节　生活垃圾的特性

### 一、城市生活垃圾组成

城市生活垃圾成分非常复杂，按物理组成可划分为有机物，如厨余、纸类、竹木、橡（胶）塑（料）、纤维；无机物，如玻璃、金属、渣土砖瓦；其他。对各物理成分的基本分析如下：

厨余：主要指居民家庭厨房、单位食堂、餐馆、饭店、菜市场等处产生的高含水率、易腐的垃圾，如蔬菜废弃部分；干果核及壳、鲜瓜果皮及核等；米面制品及熟肉、豆制品等食物残渣和剩余废弃物；动物的皮、毛、骨及废弃的剩余物等。由于厨余垃圾易生物降解，含有大量水分，使生活垃圾的总含水量增加，热值（也称发热量）下降，也是产生恶臭的主要来源。目前我国许多城市已经将餐馆、饭店的厨余分列为餐厨垃圾而单独收集、单独处理。

纸类：主要指家庭、办公场所、流通领域等产生的纸类废物，如报纸、杂志、纸质宣传品、货物标签与包装纸、牛皮纸、塑料膜纸、皱纹纸、瓦楞板纸、硫酸纸、绘图纸、复印纸、蜡质奶盒、纸杯、纸饭盒、装饰壁纸等，属高热值易燃有机物。一般说来，经济发展水平越高，垃圾中纸类成分的含量就越高。现阶段我国众多家庭及一些单位是将报纸、杂志、大件包装纸等进行分类收集，商店、超市等是将瓦楞纸的包装箱单独收集，通过个体废品收集到集散地，再送造纸厂回收。

竹木类：主要指复合板包装箱及盒子、草木竹类垫子、凉席、家装废木料、竹筒、竹筐等各种家庭竹木废弃物以及树木落叶、败落花草、绿地修剪的草类等，属较高热值的易燃废物。

橡塑：主要指垃圾中聚乙烯、聚丙烯、聚氯乙烯、聚氨酯等材质的塑料，如塑料袋、塑料绳、塑料餐盒、废塑料磁带与光盘、货物包装、衬垫用泡沫塑料、塑料包装盒、塑料包、塑料餐具、塑料玩具和文具、塑料布、塑料灯具等家用塑料物品；如皮鞋、皮包、皮衣、皮手套等家用皮革类物品；如自行车内外胎、橡胶手套、橡胶垫圈等橡胶废物。橡塑垃圾属于热值高、易燃且生物降解困难的有机物。

纤维：主要指废弃服装和布鞋袜、布窗帘、布桌布、毛巾、碎布头等纺织废物，属较高热值的易燃有机物，中等可生物降解。

玻璃：主要指各种碎玻璃、玻璃瓶、玻璃饰品等玻璃类废物，以废弃的玻璃瓶为多。有无色和有色之分。

金属：主要指饮料的金属罐、罐头盒、铁丝、铁钉、铁管等金属制品废物。

渣土砖瓦：主要指零星的碎砖石、陶瓷以及煤灰、家装废弃砖瓦土等，主要源于居民生活中废弃的物质及燃煤和街道清扫垃圾。这部分垃圾含量的多少，主要决定于生活能源结构。对建筑渣土是单独分类收集的，且收集渠道与生活垃圾不同。

其他：主要指上述各项目以外的垃圾，以及无法分类的垃圾。

城市生活垃圾物理成分受居民生活水平、能源结构、季节变化等因素的影响，使得垃圾组分具有复杂性、多变性和地域差异性。

**二、生活垃圾一般分类**

根据 GB/T 19095—2019《生活垃圾分类标志》规定，生活垃圾可分为 4 个大类 11 个小类，4 大类为可回收物、厨余垃圾、有害垃圾、其他垃圾，如图 2-1 所示。其中可回收物又可分为纸类、塑料、金属、玻璃、织物 5 小类；有害垃圾又可分为灯管、家用化学品、电池 3 小类；厨余垃圾又可分为家庭厨余垃圾、餐厨垃圾、其他厨余垃圾 3 小类。

1. 可回收物

可回收垃圾主要包括废纸、塑料、玻璃、金属和布料五大类。废纸主要包括报纸、期刊、图书、各种包装纸、办公用纸、广告纸、纸盒等，但是要注意纸巾和厕所纸由于水溶性太强不可回收；塑料主要包括各种塑料袋、塑料包装物、一次性塑料餐盒和餐具、牙刷、杯

图 2-1　生活垃圾一般分类

子、矿泉水瓶、牙膏皮等；玻璃主要包括各种玻璃瓶、碎玻璃片、镜子、灯泡、暖瓶等；金属物主要包括易拉罐、罐头盒等；布料主要包括废弃衣服、桌布、洗脸巾、书包、鞋等。

2. 厨余垃圾

厨余垃圾包括剩菜剩饭、骨头、菜根菜叶、果皮等食品类废物，经生物技术就地处理堆肥，每吨可生产约 0.3t 有机肥料。

3. 有害垃圾

有害垃圾包括含有对人体健康有害的重金属，有毒的物质或者对环境造成危害的废弃物。有害垃圾主要有电池、灯泡、水银温度计、油漆桶、过期药品、过期化妆品等，这些垃圾一般使用单独回收或者填埋处理。

4. 其他垃圾

其他垃圾是指除上述外的砖瓦陶瓷、渣土、卫生间废纸、纸巾等难以回收的废弃物，果壳、尘土、食品袋（盒），采取卫生填埋可有效减少对地下水、地表水、土壤和空气的污染。其他垃圾包括受污染和无法再生的纸张，如纸杯、复写纸、卫生纸、面巾纸、湿纸巾、尿片等；无法再生的生活用品，如陶瓷制品、受污染的一次性用品、保鲜袋（膜）、妇女卫生用品等；其他物品，如烟蒂、渣土灰尘、大骨头、宠物粪便等。

按我国大陆地区的垃圾分类，城市生活垃圾中有机物约占总量的 60%，无机物约占 40%，其中废纸、塑料、玻璃、金属，织物等可回收物约占总量的 20%，根据目前中国城市生活垃圾的状况可知，垃圾的特点为水分多、挥发分高、发热量低，固定碳低。随着人民的生活水平不断提高，包装产品及可回收物的消费不断增加，城市生活垃圾构成变化趋势为有机物增加、可燃物增多、可回收利用物增加、可利用价值增大。

**三、城市生活垃圾特性分析**

（一）生活垃圾的物理特性

1. 水分（W）

（1）垃圾含水量。生活垃圾含水量除结晶水外，包括有外在水分和内在水分。外在水分即垃圾各组分表面保留的水分，内在水分是指垃圾各组分内部毛细孔中的水分，这两部分水分是垃圾含水量主要组成部分。垃圾含水量的测定方法是将生活垃圾在（105±5）℃下烘干至恒重，所失去的重量占原生活垃圾重量的百分比。

生活垃圾含水量主要来自瓜果蔬菜等厨余物，以及雨水侵蚀等。统计结果显示，我国城市生活垃圾含水量在 40%～60%。垃圾含水量具有明显季节性特征，在 5～9 月含水量比较高，10 月～次年 1 月含水量比较低。

（2）垃圾渗沥液。垃圾渗沥液是指垃圾有机成分中含有的水分，在收集、运输及堆积、处置过程中发生物理变化及化学、生化反应而渗沥出来的，具有高污染性、高浓度的有机废液，其污染性尤以有机污染和营养化污染最为严重。

生活垃圾渗沥液主要来自厨余中有机物，且厨余含量越高，渗沥液的 CODcr、$BOD_5$ 浓度越高，渗沥液典型感官表现为黑褐色、黏稠状、强恶臭的液体。从一些检测结果看，渗沥液中的 CODcr 最高达 90 000mg/L，$BOD_5$ 最高达到 38 000mg/L。另外，渗沥液中含有十多种金属离子，其中 Fe 的浓度可达 2050mg/L，Pb 的浓度可达 12.7mg/L，Zn 的浓度可达 370mg/L，K/Na 的浓度可达 2500mg/L，Ca 浓度高达 4300mg/L。渗沥液中还检测出了阿伯丁沙门氏和田伯丁沙门氏，说明渗沥液中存在多种病原微生物，总之，渗沥液成分十分复杂。

按照国内垃圾焚烧发电厂的经验，垃圾渗沥液产生量一般为垃圾处理量的 0%～12%，最高达到 25%。

**2. 生活垃圾堆积密度**

生活垃圾是多种废弃物组成的动态混合体，近年统计的我国生活垃圾原始堆积密度范围为 $0.15\sim0.5t/m^3$，影响垃圾堆积密度的主要因素是垃圾中的灰土砖瓦等无机成分。

**3. 生活垃圾的空隙率**

生活垃圾空隙率定义为组成垃圾的物质之间的体积占总体积的百分比。影响空隙率的主要因素有垃圾物质的尺寸、结构强度、垃圾含水率。一般垃圾的尺寸越小，结构强度越好，空隙率就越大；垃圾含水量越大，占据的空隙越多，空隙率就越小。

**4. 安息角**

安息角是指垃圾堆体倾斜表面与水平面的夹角，是表征垃圾流动性的参数，由于生活垃圾中的破布、铁丝、塑料袋等的互相缠绕作用，致使垃圾流动性差，安息角一般不小于 60°，甚至可以达到 90°。

**（二）生活垃圾的化学特性**

生活垃圾的化学特性主要指生活垃圾的元素分析与挥发分、灰分、热值等。

**1. 元素分析**

碳（C）。碳是构成生活垃圾的主要可燃元素，其综合含碳量比煤要低。含碳量包括固定碳与挥发分中的含碳量，碳完全燃烧产物为 $CO_2$，生成热 32 700kJ/kg，是决定垃圾热值的主要因素之一。影响垃圾含碳量的组成成分依次为厨余、果皮、塑料、纸类、纤维。

氢（H）。生活垃圾中氢含量与煤相近，在垃圾中所占成分比例很小，属高燃烧放热的元素，生成热 120 000kJ/kg。垃圾中的氢一部分以 $C_nH_m$ 结构并以挥发分形式存在的燃烧放热物质，还有一部分与氧化合的不可燃物质。生活垃圾中，塑料的氢元素含量最高，厨余含量最低，其余的含量介于二者之间并相近。

硫（S）和氯（Cl）。生活垃圾中的硫分远低于煤的含硫量。硫分属于可燃物质，生成热 9040kJ/kg。形成有机硫的主要物质为橡胶、塑料类。硫分对垃圾热值影响比较小，但其燃烧产物为有害物质。氯在垃圾元素分析中所占比例很小，对垃圾热值的影响可以忽略不计。氯分主要来源于垃圾中的含氯塑料和厨余中的盐分等。且氯和硫在燃烧过程中生成氯化氢、硫氧化物及在一定条件下生成氯苯类等气态污染物，由于垃圾中的氯元素高于硫元素，故氯化氢的含量远高于硫氧化物。

氧（O）。生活垃圾中氧含量比较高，这点与煤相似。氧元素一方面属于助燃物质，另一方面又容易与氢化合成为不可燃物质，在一定温度条件下与氮化合成氮氧化物，成为气态污染物。垃圾中纸类、竹木、纤维的氧元素含量较高。

氮（N）。氮元素为不可燃物质，以化合态存在于生活垃圾有机物中。在 1200℃ 温度条件下，与氧化合成氮氧化物，形成有害的光化学烟雾。

**2. 挥发分（V）**

挥发分是指在绝热条件下，将垃圾样品加热到（900±10）℃，持续 7min，分解析出的除水蒸气外的气态物质。其主要成分包括以甲烷和非饱和烃为主的气态碳氢化合物以及氢气、一氧化碳、硫化氢等气体，由于垃圾各组分的分子结构不同，断链条件不同，因而挥发分析出温度不同，其中橡胶、塑料、竹木、纸类等有机垃圾的挥发分析出初始温度为 150～200℃，析出挥发分（即失重）试验结果表明，在 600℃ 时，按重量百分比计的析出挥发分为塑料 9.94%、橡胶 5%、竹木与纸类 80%，由此可以看出，垃圾燃烧过程是以挥发分燃烧为主要形式。同时，由于挥发分着火温度低，因此垃圾着火与燃烧是不困难的。

**3. 灰分（A）**

生活垃圾的灰分由有机物中的灰分和无机物组成，其中有机物焚烧过程产生的灰分由垃圾有机成分以及燃烧工况决定，通过对我国目前一些城市的生活垃圾分析，一般为 5%～6%。

垃圾中的无机成分主要有废金属、玻璃、渣石及灰土等。无机物在燃烧过程中产生的热值多来自标签、涂层及废弃容器内残留的物质等，产生的热量可以忽略，故可以认为无机物不参与化学反应，全部按灰分处理。城市居民生活用燃料已基本不再采用燃煤，如北京、天津、上海等大城市生活垃圾中的无机成分已经降低到 15% 以下，中小型城市生活垃圾中的无机成分要高些，总体上看，生活垃圾总灰分相对比较高，近期一般在 25% 以内。垃圾中无机物成分是影响垃圾热值的重要因素之一。

典型的生活垃圾元素与水分、灰分范围见表 2-1。

**表 2-1　　　　　　　　　　典型的生活垃圾元素与水分、灰分范围**

| 元素名称 | 符号 | 范围 | 元素名称 | 符号 | 范围 |
|---|---|---|---|---|---|
| 碳 | C | 10%～22% | 氮 | N | 0.5%～1.5% |
| 氢 | H | 1%～3% | 氯 | Cl | 0.1%～1.0% |
| 氧 | O | 8%～15% | 灰分 | A | 10%～25% |
| 硫 | S | 0.1%～0.6% | 水分 | W | 40%～60% |

**4. 垃圾发热量（Q）**

发热量也称热值，是单位质量的垃圾完全燃烧释放的热量，单位为 kJ/kg。垃圾热值分为高位热值和低位热值，高位热值（$Q_{gr}$）是指垃圾完全燃烧后，垃圾焚烧产物中的水蒸气全部凝结为水时释放的热量；低位热值（$Q_{net}$）是指垃圾完全燃烧后，垃圾焚烧产物中的水分保持蒸汽状态时释放的热量；二者差别在于水分蒸发和氢燃烧生成的蒸汽潜热（一般取 2512kJ/kg）是否放出，工程计算和焚烧工艺及设备选择需要采用低位热值。

垃圾热值是垃圾焚烧厂设计的重要依据。深圳环卫综合处理厂近十多年经验指出：进炉时的垃圾热值 3600kJ/kg 是实现垃圾持续稳定燃烧的临界值，达不到该值就要添加辅助燃料。

（三）影响垃圾成分的主要因素

1. 生活垃圾成分变化特点

通过对我国一些城市 20 世纪八九十年代的生活垃圾物理成分的调查研究，其中

（1）厨余成分的上升与灰土成分下降的变化明显。

（2）塑料成分有较大增长。

（3）纸类、织物及草木成分呈现上升趋势，尤以纸类所占比例大。需要说明的是，纸类作为可回收物，主要回收干净整齐的报纸、杂志、书籍以及比较大的包装箱等，其他纸类多是不回收的，实际回收量为 70%左右。

（4）垃圾含水率增加。

（5）垃圾热值呈现上升趋势。

2. 影响垃圾物理成分的主要因素

通过对这种变化趋势的分析可知，影响垃圾物理成分的主要因素为社会经济发展程度对居民生活质量、消费水平的影响；实现城市民用燃料煤改气而导致垃圾物理成分发生较大变化；城市规模与地域的差别等。

（1）社会经济发展对城市生活垃圾成分的影响。目前，我国经济发展迅速的城市生活垃圾热值已经达到约 5000kJ/kg。与此同时，城市环境的不断完善，导致居民的生活习惯发生变化，从而生活垃圾物理成分及垃圾特性发生变化，生活垃圾热值得以较快提高。可以认为，目前我国生活垃圾热值正处于提高阶段。

在经济快速发展时期，城市生活垃圾热值增长也较快；当经济进入稳定发展时期，城市生活垃圾热值则相应稳定在某一较高范围。大城市所处的地理环境对垃圾成分的影响比较小，中、小城市受这方面的影响比较明显，统计数据显示，目前我国南方城市的有机垃圾比北方城市要高约 10%。

（2）民用燃料结构的影响。我国民用燃料结构经历了从使用燃煤到使用气体燃料的特定过程，这种转变对垃圾物理成分中渣土成分的影响十分明显。1985 年我国城市煤气化率为 23%，居民年平均燃用煤量约为 180kg，到 1995 年许多城市都达到了 90%以上，居民燃用煤量大幅度降低。根据这段过渡时期特点所划分的"燃煤区"生活垃圾平均渣土成分，20世纪 80 年代典型值为 70%～80%，90 年代略有降低，典型值范围为 50%～60%；"燃气区"生活垃圾的渣土成分则一般降低到 15%以下，其中一些中小城市的渣土要高些，为 30%以下。调查显示，随着城市气化率快速提高，垃圾中渣土等无机物迅速降低，致使生活垃圾物理成分的重量百分比发生很大变化，其中变化最显著的是厨余，一般由 20%以下转变到 50%以上，而生活垃圾热值有了较大增长，当垃圾无机成分基本稳定在 10%以内时，其对生活垃圾热值的影响将减弱。

（3）城镇居民生活水平、生活观念和生活方式变化的影响。1995 年我国城市居民人均年消费支出为 3537.57 元，2004 年达到 7182.10 元。随着居民平均工资实质性提高，导致生活方式和消费观念的转变，其中突出表现为从节约型向消费型的转变。在经济增长比较低的阶段，用于消费支出与厨余垃圾成正比增长，随着经济进一步增长，厨余垃圾开始滞长，并让位于其他消费品产生的垃圾增长。由于人们消费的纺织品及其他商品使用周期大大缩短，讲究购物环境和包装形式；消费食品的质量由粗到精，粮食消耗减少，副食品需求日益增加。因此，除生活垃圾的厨余物尚难以推断外，纸类、果皮、塑料、橡胶、玻璃等成分将

会有不同程度增长。这将有利于垃圾热值增长。由于蔬菜、水果的产生具有季节性，对厨余垃圾具有明显的季节性影响。但是，随着保鲜应用技术和农业反季节性栽培应用技术的发展，这种季节性的影响日趋减弱。另外，社会经济发展也影响着人们的生活习惯，如秋冬季北方家庭存储大白菜的现象已经逐步消失，夏季西瓜的消耗量也在减少。总之，厨余垃圾的产生量与季节因素的关系将逐步疏远，完成民用燃料由煤改气以及集中采暖的过渡后，渣土垃圾将失去对生活垃圾主导性的影响。

（4）垃圾取样分析对垃圾成分的影响。目前，我国城市生活垃圾的物理成分分析基本都采用直接取样分析的方法。由于垃圾成分的复杂性与颗粒大小的不均匀性，如取100kg 的样品，可以找到几克汞电池，但仅取 20kg 样品，则要么没有，要么达到1g/kg。另外，垃圾分布的面很广，只能采取按比例取样，因此取样测定与测试结果总是有一定局限性。

（5）城市生活垃圾处理技术政策的影响。我国当前对固体废弃物正在实施从末端管理到全过程管理的转变，包括如限制过度包装、净菜上市、垃圾袋装化、改变燃料结构；实施因地制宜、综合治理、有效利用的政策，不但在控制减少垃圾产生量，最大限度净化生态环境方面将产生作用，而且对改变生活垃圾物理化学成分有重大影响。

## 第三节　生活垃圾焚烧发电厂的要求

### 一、选址要求

（1）生活垃圾焚烧发电厂的选址应符合当地的城乡总体规划、环境保护规划和环境卫生专项规划，并符合当地的大气污染防治、水资源保护、自然生态保护等要求。

（2）应依据环境影响评价结论确定生活垃圾焚烧发电厂厂址的位置及其与周围人群的距离。经具有审批权的环境保护行政主管部门批准后，这一距离可作为规划控制的依据。

（3）在对生活垃圾焚烧发电厂厂址进行环境影响评价时，应重点考虑生活垃圾焚烧发电厂内各设施可能产生的有害物质泄漏、大气污染物（含恶臭物质）的产生与扩散以及可能的事故风险等因素，根据其所在地区的环境功能区类别，综合评价其对周围环境、居住人群的身体健康、日常生活和生产活动的影响，确定生活垃圾焚烧发电厂与常住居民居住场所、农用地、地表水体以及其他敏感对象之间合理的位置关系。

### 二、技术要求

（1）生活垃圾的运输应采取密闭措施，避免在运输过程中发生垃圾遗撒、气味泄漏和污水滴漏。

（2）生活垃圾储存设施和渗沥液收集设施应采取封闭负压措施，并保证其在运行期和停炉期均处于负压状态。这些设施内的气体应优先通入焚烧炉中进行高温处理，或收集并经除臭处理满足要求后排放。

（3）生活垃圾焚烧炉的主要技术性能指标应满足下列要求。

1）炉膛内焚烧温度、炉膛内烟气停留时间和焚烧炉渣热灼减率的性能指标见表 2-2 的要求。

2）生活垃圾焚烧炉排放烟气中一氧化碳浓度限值见表 2-3。

表 2-2        炉膛内焚烧温度、炉膛内烟气停留时间和焚烧炉渣热灼减率的性能指标

| 序号 | 项目 | 指标 | 检验方法 |
|------|------|------|----------|
| 1 | 炉膛内焚烧温度 | ≥850℃ | 在二次空气喷入点所在断面、炉膛中部断面和炉膛上部断面中至少选择两个断面分别布设监测点，实行热电偶实时在线测量 |
| 2 | 炉膛内烟气停留时间 | ≥2s | 根据焚烧炉设计书检验和制造图核验炉膛内焚烧温度监测点断面间的烟气停留 |
| 3 | 焚烧炉渣热灼减率 | ≤5% | 《工业固体废物采样制样技术规范》（HJ/T 20—1998） |

表 2-3        生活垃圾焚烧炉排放烟气中一氧化碳浓度限值

| 取值时间 | 限值（mg/m³） | 监测方法 |
|----------|---------------|----------|
| 24h 均值 | 80 | 《固定污染源排气中一氧化碳的测定非色散红外吸收法》（HJ/T 44—1999） |
| 1h 均值 | 100 | |

（4）每台生活垃圾焚烧炉必须单独设置烟气净化系统并安装烟气在线监测装置，处理后的烟气应采用独立的排气筒排放；多台生活垃圾焚烧炉的排气筒可采用多筒集束式排放。

（5）焚烧炉烟囱高度见表 2-4，具体高度还应根据环境影响评价结论确定。如果在烟囱周围 200m 半径距离内存在建筑物时，烟囱高度应至少高出这一区域内最高建筑物 3m以上。

表 2-4        焚烧炉烟囱高度

| 焚烧处理能力（t/d） | 烟囱最低允许高度（m） |
|---------------------|------------------------|
| <300 | 45 |
| ≥300 | 60 |

（6）焚烧炉应设置助燃系统，在启、停炉时以及当炉膛内焚烧温度低于表 2-1 要求的温度时使用并保证焚烧炉的运行工况满足表 2-1、表 2-2 的要求。

（7）应按照 GB/T 16157 的要求设置永久采样孔，并在采样孔的正下方约 1m 处设置不小于 3m² 的带护栏的安全监测平台，并设置永久电源（220V）以便放置采样设备，进行采样操作。

**三、入炉废物要求**

（1）可以直接进入生活垃圾焚烧炉进行焚烧处置的废物。

1）由环境卫生机构收集或者生活垃圾产生单位自行收集的混合生活垃圾；

2）由环境卫生机构收集的服装加工、食品加工以及其他为城市生活服务的行业产生的性质与生活垃圾相近的一般工业固体废物；

3）生活垃圾堆肥处理过程中筛分工序产生的筛上物，以及其他生化处理过程中产生的固态残余组分；

4）按照处理规范要求进行破碎毁形和消毒处理并满足消毒效果检验指标的《医疗废物分类目录》中的感染性废物。

（2）在不影响生活垃圾焚烧炉污染物排放达标和焚烧炉正常运行的前提下，生活污水处理设施产生的污泥和一般工业固体废物可以进入生活垃圾焚烧炉进行焚烧处置。

（3）下列废物不得在生活垃圾焚烧炉中进行焚烧处置。危险废物、电子废物及其处理处置残余物；国家环境保护行政主管部门另有规定的除外。

**四、运行要求**

（1）焚烧炉在启动时，应将炉膛温度升至850℃后才能投入生活垃圾。自投入生活垃圾开始，逐渐增加投入量直至达到额定垃圾处理量；在焚烧炉启动阶段，炉膛内焚烧温度应满足表 2-1 要求，焚烧炉应在 4h 内达到稳定工况。

（2）焚烧炉在停炉时，自停止投入生活垃圾开始，启动垃圾助燃系统，保证剩余垃圾完全燃烧，并满足表 2-1 所规定的炉膛内焚烧温度的要求才可停炉。

（3）焚烧炉在运行过程中发生故障，应及时检修，尽快恢复正常。如果无法修复，应立即停止投加生活垃圾，按故障要求操作停炉。每次故障或者事故持续排放污染物时间不应超过 4h。

（4）焚烧炉每年启动、停炉过程排放污染物的持续时间以及发生故障或事故排放污染物持续时间累计不应超过 60h。

（5）生活垃圾焚烧发电厂运行期间，应建立运行情况记录制度，如实记载运行管理情况，至少应包括废物接收情况、入炉情况、设施运行参数以及环境监测数据等。运行情况记录簿应按照国家有关档案管理的法律法规进行整理和保管。

**五、排放控制要求**

（1）生活垃圾焚烧炉排放烟气中污染物浓度限值见表 2-5。

表 2-5 　　　　　　　　　　　生活垃圾焚烧炉排放烟气中污染物浓度限值

| 序号 | 污染物项目 | 限值 | 取值时间 |
|---|---|---|---|
| 1 | 颗粒物/$(mg/m^3)$ | 30 | 1h 均值 |
| | | 20 | 24h 均值 |
| 2 | 氮氧化物（$NO_x$）（$mg/m^3$） | 300 | 1h 均值 |
| | | 250 | 24h 均值 |
| 3 | 二氧化硫（$SO_2$）/$(mg/m^3)$ | 100 | 1h 均值 |
| | | 80 | 24h 均值 |
| 4 | 氯化氢（HCl）/$(mg/m^3)$ | 60 | 1h 均值 |
| | | 50 | 24h 均值 |
| 5 | 汞及其化合物（以 Hg 计）/（$mg/m^3$） | 0.05 | 测定均值 |
| 6 | 镉、铊及其化合物（以 Cd＋Tl 计）/$(mg/m^3)$ | 0.1 | 测定均值 |
| 7 | 锑、砷、铅、铬、钴、铜、锰、镍及其化合物（以 Sb＋As＋Pb＋Cr＋Co＋Cu＋Mn＋Ni 计）/$(mg/m^3)$ | 1.0 | 测定均值 |
| 8 | 二噁英类/$(ng\ TEQ/m^3)$ | 0.1 | 测定均值 |
| 9 | 一氧化碳（CO）/$(mg/m^3)$ | 100 | 1h 均值 |
| | | 80 | 24h 均值 |

（2）生活污水处理设施产生的污泥、一般工业固体废物的专用焚烧炉排放烟气中二噁英类污染物浓度限值见表 2-6。

表 2-6　　　　　　　　　生活污水处理设施产生的污泥、一般工业固体
废物专用焚烧炉排放烟气中二噁英类污染物浓度限值

| 焚烧处理能力（t/d） | 二噁英类排放限值（ng TEQ/m³） | 取值时间 |
| --- | --- | --- |
| >100 | 0.1 | 测定均值 |
| 50~100 | 0.5 | 测定均值 |
| <50 | 1.0 | 测定均值 |

（3）在焚烧炉启停及故障时，所获得的监测数据不作为评价是否达到排放限值的依据，但在这些时间内颗粒物浓度的 1h 均值不得大于 150mg/m³。

（4）生活垃圾焚烧飞灰与焚烧炉渣应分别收集、储存、运输和处置。生活垃圾焚烧飞灰应按危险废物进行管理。

（5）生活垃圾渗沥液和车辆清洗废水应收集，并在生活垃圾焚烧发电厂内处理或送至生活垃圾填埋场渗沥液处理设施处理，满足要求后，可直接排放。

若通过污水管网或采用密闭输送方式送至采用二级处理方式的城市污水处理厂处理，应满足以下条件：

1）在生活垃圾焚烧发电厂内处理后，总汞、总镉、总铬、六价铬、总砷、总铅等污染物浓度达到要求；

2）城市二级污水处理厂每日处理生活垃圾渗沥液和车辆清洗废水总量不超过污水处理量的 0.5%；

3）城市二级污水处理厂应设置生活垃圾渗沥液和车辆清洗废水专用调节池，将其均匀注入生化处理单元；

4）不影响城市二级污水处理厂的污水处理效果。

**六、监测要求**

（1）生活垃圾焚烧发电厂运行企业应按照有关法律和《环境监测管理办法》等规定，建立企业监测制度，制定监测方案，并向当地环境保护行政主管部门和行业主管部门备案。对污染物排放状况及其对周边环境质量的影响开展自行监测，保存原始监测记录，并公布监测结果。

（2）生活垃圾焚烧发电厂运行企业应按照环境监测管理规定和技术规范的要求，设计、建设、维护永久采样口、采样测试平台和排污口标志。

（3）对生活垃圾焚烧发电厂运行企业排放废气的采样，应根据监测污染物的种类，在规定的污染物排放监控位置进行；有废气处理设施的，应在该设施后检测；排气筒中大气污染物的监测采样按要求进行。

（4）生活垃圾焚烧发电厂运行企业对烟气中重金属类污染物和焚烧炉渣热灼减率的监测应每月至少开展 1 次；对烟气中二噁英类的监测应每年至少开展 1 次，其采样按要求执行，其浓度为连续 3 次测定值的算术平均值。对其他大气污染物排放情况监测的频次、采样时间等要求，按有关环境监测管理规定和技术规范的要求执行。

（5）环境保护行政主管部门应采用随机方式对生活垃圾焚烧发电厂进行日常监督性监测，对焚烧炉渣热灼减率与烟气中颗粒物、二氧化硫、氮氧化物、氯化氢、重金属类污染物和一氧化碳的监测应每季度至少开展 1 次，对烟气中二噁英类的监测应每年至少开展 1 次。

（6）焚烧炉监测时的大气污染物浓度测定方法见表2-7。

**表 2-7　　　　　　　　　　　　　大气污染物浓度测定方法**

|  | 污染物项目 | 方法标准名称 | 标准编号 |
|---|---|---|---|
| 1 | 颗粒物 | 固定污染源排气中颗粒物测定与气态污染物采样方法 | GB/T 16157 |
| 2 | 二氧化硫<br>（$SO_2$） | 固定污染源排气中二氧化硫的测定　碘量法 | HJ/T 56 |
|  |  | 固定污染源排气中二氧化硫的测定　定电位电解法 | HJ/T 57 |
|  |  | 固定污染源废气二氧化硫的测定　非分散红外吸收法 | HJ 629 |
| 3 | 氮氧化物<br>（$NO_x$） | 固定污染源排气中氮氧化物的测定　紫外分光光度法 | HJ/T 42 |
|  |  | 固定污染源排气中氮氧化物的测定　盐酸萘乙二胺分光光度法 | HJ/T 43 |
|  |  | 固定污染源废气氮氧化物的测定　定电位电解法 | HJ 693 |
| 4 | 氯化氢（HCl） | 固定污染源排气中氯化氢的测定　硫氰酸汞分光光度法 | HJ/T 27 |
|  |  | 固定污染源废气氯化氢的测定　硝酸银容量法 | HJ 548 |
|  |  | 环境空气和废气　氯化氢的测定　离子色谱法 | HJ 549 |
| 5 | 汞 | 固定污染源废气　汞的测定　冷原子吸收分光光度法 | HJ 543 |
| 6 | 镉、砷、铅、铬、锰、镍、锡、锑、铜、钴 | 空气和废气颗粒物中铅等金属元素的测定　电感耦合等离子体质谱法 | HJ 657 |
| 7 | 二噁英类 | 环境空气和废气二噁英类的测定　同位素稀释高分辨气相色谱-高分辨质谱法 | HJ 77.2 |
| 8 | 一氧化碳（CO） | 固定污染源排气中一氧化碳的测定　非色散红外吸收法 | HJ/T 44 |

（7）生活垃圾焚烧发电厂应设置焚烧炉运行工况在线监测装置，监测结果应采用电子显示板进行公示并与当地环境保护行政主管部门和行业行政主管部门监控中心联网。焚烧炉运行工况在线监测指标应至少包括烟气中一氧化碳浓度和炉膛内焚烧温度。

（8）生活垃圾焚烧发电厂烟气在线监测装置安装要求应按《污染源自动监控管理办法》等规定执行并定期进行校对。在线监测结果应采用电子显示板进行公示并与当地环保行政主管部门和行业行政主管部门监控中心联网。烟气在线监测指标应至少包括烟气中一氧化碳、颗粒物、二氧化硫、氮氧化物和氯化氢。

在任何情况下，生活垃圾焚烧发电厂均应遵守污染物排放控制要求，采取必要措施保证污染防治设施正常运行。各级环保部门在对生活垃圾焚烧发电厂进行监督性检查时，可以现场即时采样获得均值，将监测结果作为判定排污行为是否符合排放标准以及实施相关环境保护管理措施的依据。

## 第四节　典型垃圾焚烧发电机组介绍

本节介绍的垃圾焚烧发电机组按4炉2机配置，垃圾焚烧量为2400t/d，主蒸汽系统采用集中单母管制系统。4台锅炉产生的蒸汽先引往一根蒸汽母管集中后，再由该母管引出2根蒸汽管接至汽轮机和各用汽处。单台汽轮发电机的额定功率为25MW，额定电压10kV，单台主变压器的额定容量为40MVA。该系统阀门少、系统简单、可靠，适合小容量机组。

本教材所涉及的垃圾焚烧发电机组具体设备、具体启动步骤、运行调整均以该机组为例进行介绍。

## 一、垃圾焚烧锅炉

### （一）垃圾焚烧炉

**1. 垃圾焚烧炉介绍**

锅炉设计为 $4 \times 600t/d$ 的垃圾焚烧炉，日焚烧处理垃圾 2400t，年处理垃圾 87.6 万 t。焚烧炉为 L 型机械炉排，并配单汽包自然循环余热锅炉。垃圾由抓斗供入垃圾给料斗，经过搭桥破解装置和溜槽，由推料器推入焚烧炉燃烧。焚烧炉排由干燥炉排、燃烧炉排和燃尽炉排三部分组成，垃圾灰烬进入炉渣溜管通过排渣机排出。炉排下部布置十二个漏渣斗，漏渣斗下为落灰管及挡板阀，灰渣由炉渣输送机排出。炉排上方是由 $\phi 76 \times 6mm$ 和 $\phi 76 \times 4.5mm$，材料为 20G 的锅炉管组成的膜式水冷壁，烟气在水冷壁中经过三个垂直辐射通道进入卧式布置的水平对流区域，最后排入烟气处理设备。

每台焚烧炉配 1 台点火燃烧器和 2 台辅助燃烧器，用天然气作为燃料。

**2. 焚烧炉基本规范及性能**

焚烧炉基本规范及性能见表 2-8。

表 2-8　　　　　　　　　　　　　　焚烧炉基本规范及性能

| 序号 | 项　　目 | 参　　数 |
|---|---|---|
| 1 | 数量 | 4 台 |
| 2 | 焚烧炉炉排型式 | 倾斜多级往复式炉排 |
| 3 | 每台焚烧炉最大连续处理垃圾量（MCR） | 25t/h |
| 4 | 每台焚烧炉最大处理垃圾量（110%MCR） | 27.5t/h |
| 5 | 设计热负荷 | 38.7MW |
| 6 | 进炉垃圾低位发热量设计值 | 7000kJ/kg |
| 7 | 进炉垃圾低位发热量变化范围 | 4190～8390kJ/kg |
| 8 | 焚烧炉年累计运行时间 | ＞8000h |
| 9 | 烟气在＞850℃的条件下停留时间 | ＞2s |
| 10 | 焚烧残渣热灼减率 | ＜3% |
| 11 | 干燥炉排长度 | 4010mm |
| 12 | 燃烧炉排长度 | 6410mm |
| 13 | 燃尽炉排长度 | 5610mm |
| 14 | 炉排宽度 | 7030mm |
| 15 | 炉排倾斜角度 | 15° |
| 16 | 炉排表面积 | 112.69m² |
| 17 | 炉排热负荷（MCR） | 1553MJ/(m²·h) |
| 18 | 最大炉排热负荷（110%MCR） | 500kW/m² |
| 19 | 炉排机械负荷（MCR） | 222kg/(m²·h) |
| 20 | 最大炉排机械负荷（110%MCR） | 261kg/(m²·h) |
| 21 | 一次风量（MCR） | 60 790m³/h |
| 22 | 二次风量（MCR） | 23 250m³/h |

| 序号 | 项　目 | 参　数 |
|---|---|---|
| 23 | 烟气量 | 117 090m³/h |
| 24 | 一次风入炉温度 | 210℃ |
| 25 | 二次风入口温度 | 35℃ |
| 26 | 焚烧炉出口烟气量（MCR） | 11 2360m³/h |
| 27 | 炉排使用寿命 | 炉排更换面积≥5%/年 |
| 28 | 耐火材料使用寿命 | 1年 |
| 29 | 不添加辅助燃料的垃圾低位发热量 | >4605kJ/kg |
| 30 | 焚烧炉效率（MCR） | 94.8% |

（二）余热锅炉

1. 概况

垃圾焚烧锅炉由垃圾焚烧炉和余热锅炉两部分组成。余热锅炉为单汽包自然循环水管锅炉、卧式、室内布置、微负压运行、落地抗震结构，设置在垃圾焚烧发电厂的焚烧炉上方，以回收焚烧所产生的热量为目的。给料斗中的垃圾由推料器推入焚烧炉，经干燥炉排、燃烧炉排和燃尽炉排燃烧产生的烟气进入余热锅炉换热，后经净化处理排入大气。炉排上方是由 $\phi76×6mm$ 和 $\phi76×4.5mm$，材料为20G的锅炉管组成的膜式水冷壁，烟气在水冷壁中经过三个垂直辐射通道进入卧式布置的水平对流区域，在水平对流区域烟气依次经过一组蒸发器，四组过热器（三级过热器一组顺流布置、二级过热器一组逆流布置、一级过热器分两组逆流布置），一组蒸发器，两组烟气空气预热器和四组省煤器，最后排入烟气处理设备。烟气空气预热器管子为 $\phi168×7mm$，材料为20G，迎风面装设防磨护板；一级过热器管子为 $\phi42×5mm$，材料为20G，二级过热器为 $\phi48×5.5mm$，材料为12Cr1MoVG，三级过热器管子为 $\phi48×5.5mm$，材料为12Cr1MoVG；蒸发器管子为 $\phi38×4mm$，材料为20G；省煤器管子为 $\phi38×4mm$，材料为20G。过热器之间设置两级喷水减温器，用来调节过热器出口汽温，汽包内部采用旋风分离器和铁丝网分离器，并采用集中下降管布置。主给水由除氧器出口经给水泵升压后送至余热锅炉省煤器的进口。

2. 规范

余热锅炉规范见表2-9。

表 2-9　　　　　　　　　　　　余热锅炉规范

| 序号 | 项　目 | 参　数 |
|---|---|---|
| 1 | 数量 | 4台 |
| 2 | 余热锅炉型式 | 单汽包自然循环水管锅炉，卧式、室内布置 |
| 3 | 锅炉蒸发量 | 56.01t/h(在 MCR 的负荷时) |
| | | 59.5t/h(在 110%MCR 负荷时) |
| | | 64.87t/h(在 120%MCR 负荷时) |
| 4 | 额定蒸汽压力 | 4.0MPa（g） |
| 5 | 额定蒸汽温度 | 400℃ |

| 序号 | 项　　目 | 参　　数 |
|---|---|---|
| 6 | 汽包工作温度 | 269℃（最高工作温度）<br>263℃（在 MCR 的负荷时）<br>266℃（在 120％MCR 负荷时） |
| 7 | 汽包运行压力 | 4.9MPa（在 MCR 负荷时）<br>5.05MPa（在 120％MCR 负荷时） |
| 8 | 过热器烟气入口温度 | 大约 570℃ |
| 9 | 1 级过热器出口压力 | 4.60MPa（在 120％MCR 负荷时）<br>4.55MPa（在 MCR 负荷时） |
| 10 | 2 级过热器出口压力 | 4.35MPa（在 120％MCR 负荷时）<br>4.30MPa（在 MCR 负荷时） |
| 11 | 3 级过热器出口压力 | 4.00MPa（在 120％MCR 负荷时）<br>4.00MPa（在 MCR 负荷时） |
| 12 | 1 级过热器最高工作温度 | 390℃ |
| 13 | 2 级过热器最高工作温度 | 390℃ |
| 14 | 3 级过热器最高工作温度 | 420℃ |
| 15 | 给水温度 | 130℃ |
| 16 | 锅炉蒸发受热面 | 2683m² |
| 17 | 省煤器受热面 | 1615m² |
| 18 | 过热器受热面 | 2698m² |
| 19 | 烟气空气预热器受热面 | 1155m² |
| 20 | 水容量 | 133.3m³ |
| 21 | 热空气温度 | 230℃ |
| 22 | 排烟温度 | 190℃ |
| 23 | 排污率 | 2％ |
| 24 | 调温方式 | 喷水减温 |
| 25 | 锅炉效率 | ＞81％（在 MCR 负荷时） |

3. 主要参数

（1）锅炉额定蒸发量：56.01t/h。

（2）额定蒸汽压力：4.0MPa。

（3）额定蒸汽温度：400℃。

（4）汽包水位：±50mm。

（5）给水温度：130℃。

（6）烟气出口温度：190℃。

（三）烟气处理系统

1. 烟气处理系统工艺

为了控制锅炉燃烧后的烟气尾气达标，烟气处理系统采用 SNCR＋旋转喷雾脱酸塔＋石灰浆制备及喷射系统＋干粉喷射系统＋活性炭喷射装置＋高效布袋除尘器＋选择性催化还原法（SCR）相结合的烟气净化工艺。其系统流程：在焚烧炉内喷入经稀释后的氨水以初步除去烟气中的氮氧化物；从锅炉出口的含酸性物质的烟气，经过省煤器后被引入脱酸塔上部，通过脱酸塔进口的烟气分配器进入脱酸塔内，烟气扩散后与通过旋转喷雾器射入的石灰浆以及冷却水充分混合，进行中和反应以除去烟气中的酸性气体；在脱酸塔与布袋除尘器之间的烟道设有活性炭喷射装置，喷入粉状活性炭以除去烟气中重金属及二噁英等有害物质；在布袋除尘器中，烟气中的颗粒粉尘被分离出并送至飞灰存储系统，经除尘器除尘后的烟气进入SCR系统脱硝，处理合格的烟气经引风机送入烟囱后，排向大气。

2. 机组最终烟气污染物排放限值

机组最终烟气污染物排放限值见表2-10。

表 2-10　　　　　　　　　　　机组最终烟气污染物排放限值

| 序号 | 污染物名称 | 取值时间 | 限值 |
|---|---|---|---|
| | | | 本机组设计值 |
| 1 | 颗粒物 | 1h 均值 | $10mg/m^3$ |
| 2 | 氯化氢（HCl） | 1h 均值 | $10mg/m^3$ |
| 3 | 氟化氢（HF） | 1h 均值 | $1mg/m^3$ |
| 4 | 二氧化硫（SO₂） | 1h 均值 | $50mg/m^3$ |
| 5 | 氮氧化物（NO$_x$） | 1h 均值 | SNCR 出口 $200mg/m^3$ |
| | | | SCR 出口 $65mg/m^3$ |
| 6 | 一氧化碳（CO） | 1h 均值 | $50mg/m^3$ |
| 7 | 汞 Hg 及其化合物 | 测定均值 | $0.05mg/m^3$ |
| 8 | 镉＋铊及其化合物（以 Cd＋TI 计） | 测定均值 | $0.1mg/m^3$ |
| 9 | 其他重金属（锑、砷、铅、铬、钴、铜、锰、镍、钒及其化合物之和） | 测定均值 | $0.5mg/m^3$ |
| 10 | 二噁英类 | 测定均值 | $0.1ng TEQ/m^3$ |
| 11 | 烟气黑度 | 测定均值 | 1 级 |
| 12 | 烟气不透光率 | | 10％ |

注　1. 本表各项标准限值，均以标准状态下含 11％O₂ 的干烟气为参考值换算。

　　2. 烟气最高黑度时间，在任何 1h 内累计不得超过 5min。

（四）锅炉辅助系统

辅助系统是垃圾焚烧发电厂重要的组成部分，主要包括液压系统、燃气系统、空气预热器系统、压缩空气系统、输灰渣系统、飞灰处理系统、活性炭输送系统、石灰浆制备系统、垃圾给料系统、除臭系统等。

**二、汽轮机系统**

1. 系统组成

机组主蒸汽系统采用集中单母管制系统，4 台锅炉产生的蒸汽先引往一根蒸汽母管集中后，再由该母管引出 2 根蒸汽管接至汽轮机和各用汽处，集中单母管制系统如图 2-2 所示。主蒸汽母管上接有一台减温减压器，经减温减压后的蒸汽作为机组启动时蒸汽空气预热器和除氧器的补充汽源。按照一次风蒸汽-空气预热器和除氧器额定工况，减温减压器耗主蒸汽量28t/h(MCR)，压力由4.1MPa降至1.379MPa，温度由400℃减至240℃，部分接至空气预热器；剩余部分继续减压至0.46MPa，温度由240℃减至169℃，接至除氧器。

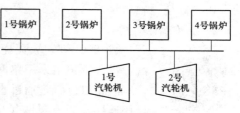

图2-2　集中单母管制系统

N25-3.82/390型汽轮机有三级非调整抽汽，抽汽管道上设有液动止回阀、安全阀和关断阀，以防止抽汽口有汽流倒流至汽轮机。一段抽汽压力为1.379MPa(a)，抽汽温度240℃，抽汽量为12.529t/h，供焚烧炉一次风蒸汽空气预热器一级加热用汽和SNCR脱硝用汽；二段抽汽压力为0.433MPa(a)，抽汽温度162℃，抽汽量为9.923t/h，供中压除氧器除氧用汽；三段抽汽压力为0.074MPa(a)，抽汽温度91.49℃，抽汽量为7.005t/h，供低压加热器用汽。

机组设置4台中压热力除氧器，工作压力0.17MPa，出水温度130℃，除氧器出力75t/h。每台除氧器水箱容积35m³，可满足4台余热锅炉38min的给水要求。每台给水泵出口设有给水再循环管，接到除氧器给水再循环母管上，返回除氧器。除氧器的有关汽、水管道采用母管制系统。

锅炉给水泵吸入侧低压给水母管和给水泵出口高压给水母管均采用单母管。设置5台电动给水泵，四台运行，一台备用，当给水母管压力低时备用泵自动投入，给水泵出口设再循环管。

主凝结水系统是用来将凝汽器热井中的凝结水通过凝结水泵送至除氧器。凝结水系统采用母管制系统。每台汽轮机设置2台凝结水泵，一台运行，一台备用。每台凝结水泵容量按最大凝结水量110%选择，单台流量为130m³/h，扬程100m。凝结水经漏汽凝汽器、过冷器、低压加热器后送至除氧器。漏汽凝汽器、过冷器、低压加热器均有主凝结水旁路，在漏汽冷凝器后的主凝结水管上接有至凝汽器热井的再循环管。

为保证凝汽器内有一定的真空度，及时抽出凝汽器内不凝结气体，每套机组设置2台水环式真空泵组。

汽轮机前后汽封均近大气端的腔体和主汽门、调节汽阀等各阀杆及大气端的漏汽均有管道与汽封加热器连接，使各腔室保持-5.066～-1.013kPa的真空，以保证蒸汽不漏入大气。同时将此漏汽加热凝结水以提高机组的经济性。

全厂设置40m³的疏水箱、2m³疏水扩容器各一台。低压设备和管道的凝结水或疏水直接进入疏水箱。压力较高的设备和管道的疏水经疏水扩容器扩容后进入疏水箱。蒸汽-空气预热器疏水经母管汇合后接至中压除氧器。除氧器设有一溢放水母管，当除氧器水箱水位高时，将水放至疏水箱。

疏放水系统设置两台疏水泵，一台运行、一台备用。电厂设有一条疏放水母管。在正常运行工况下，疏水箱中的水经疏水泵升压后，进入除氧器。

循环水系统由循环水泵房三台循环水泵供给，经汽轮机凝汽器、冷油器、空冷器等换热后回至机力冷却塔，经冷却塔冷却后回至循环水池，其中一部分水经循环水旁滤器过滤后回循环水池。

全厂工业冷却水由循环水泵房两台工业水泵供给，其水源为循环水池或生产消防水池中的水，冷却全厂辅机轴承后，回至循环水池或生产消防水池。

2. 设备规范

汽轮机结构

4×600t/d 垃圾焚烧炉发电机组的汽轮机采用非再热、冲动式、凝汽式汽轮机。本机组采用单汽缸结构和减速箱一起，安装在一个公共底盘上。

汽轮机进汽是通过直接固定于汽缸上的主汽阀进入。调节阀室与汽缸上半相连接，调节阀具有五个汽阀，各个阀的阀杆自由地悬挂于横梁上，横梁升降是通过位于前轴承座盖上的油动机控制。蒸汽从调节阀流经喷嘴室、喷嘴组进入调节级，后流经各压力级。

通流部分由 1 个调节级和 10 个压力级组成。调节级动叶都设计成坚固的结构，采用双层围带叶顶（内围带为整体围带，外层为铆接围带）和叉形叶根。第 1、2 压力级采用双层围带，第 3～5 压力级为铆接围带，均加工成自带径向汽封的围带，与镶嵌于隔板上的阻汽片相密封。第 1～7 级动叶片采用外包 T 形叶根固定，末叶片插入锁口用销钉锁紧，第 8、9 级采用叉形叶根，末级采用枞树形叶根。压力级最后五级为扭叶片。

各级隔板采用坚固的焊接结构，冷轧静叶焊接成栅格后与隔板外环和隔板体焊接成一体。转子上位于前汽封高压弧部位做成台阶结构，构成平衡活塞，以平衡转子的部分轴向力。

转子为整锻结构，除第 9、10 级叶轮外，其余叶轮都钻有平衡孔以平衡叶轮两边的压力，并通过高速轴和低速轴的两套叠片挠性联轴器与减速箱和发电机连接。转子通过两个径向轴承支承。前轴承为径向推力联合轴承，安装于前轴承座上，前轴承座内部装有电液调节、保安系统等部套。前轴承座放在公共基础框架上，通过导向键确保与汽轮机中心线对中，并可在底盘支承面上自由膨胀。下半汽缸前部的中分面猫爪放在前轴承座接合面上，猫爪与结合面之间有横向导向键，以确保横向自由膨胀。轴向膨胀则借助前轴承座下方与前汽缸下半的纵向弹性板来实现。后轴承安装于后轴承座上，后轴承座则通过半圆法兰与后汽缸相连接。后汽缸通过两侧的支座支承在底盘上，两支座与底盘间有横向定位键，汽缸后端面与底盘间设有垂直导向键，横向定位键中心线和垂直导向键轴线的交点构成汽轮机的死点。

汽轮机的前汽缸为铸造结构，后汽缸为焊接结构。整个汽缸采用水平中分螺栓连接、前后垂直法兰螺栓连接的整体结构形式，喷嘴室位于汽缸上半的前端，与调节阀、主汽门组成一体。在前汽缸下半从前往后排列包括：汽封漏汽法兰口、汽封抽汽法兰口、汽封平衡活塞法兰口、疏水口、工业抽汽口。后汽缸采用向下排汽方式并内装有汽缸喷水降温装置。

汽轮机转子在后轴承和联轴器之间，套有盘车用齿圈。当汽轮机启动前或停机后，为避免转子变形或轴过热，必须进行盘车，直到汽缸表面温度低于 100℃。

盘车装置布置在后轴承座上盖，采用电动机驱动，通过一对蜗轮副与一对齿轮的减速，该转子的盘车转速为 9r/min。当汽轮机启动时，转子的转速一旦超过盘车的转速，盘车装置能自动脱开。当汽轮机停机时，转子停止后，可以投入盘车装置。

汽轮机技术规范见表 2-11。

表 2-11 汽轮机技术规范

| 序号 | 项目 | 单位 | 数据 |
|---|---|---|---|
| 1 | 型号 | | N25-3.8/395 |
| 2 | 型式 | | 中温、中压、单缸、冲动凝汽式 |
| 3 | 旋转方向 | | （从机头方向看）汽轮机为逆时针，发电机为顺时针 |
| 4 | 额定功率 | MW | 25 |
| 5 | 最大功率 | MW | 27.5 |
| 6 | 额定进汽量 | t/h | 121.2 |
| 7 | 最大连续功率进汽量 | t/h | 132.9 |
| 8 | 主汽压力 | MPa | 3.8（最高 4.0；最低 3.5） |
| 9 | 主汽温度 | ℃ | 395（最高 405；最低 380） |
| 10 | 排汽压力 | kPa | 7.6 |
| 11 | 排汽温度 | ℃ | 40.47 |
| 12 | 给水温度 | ℃ | 130 |
| 13 | 冷却水温度 | ℃ | 25 |
| 14 | 汽轮机汽耗（设计值） | kg/kWh | 4.633 8 |
| 15 | 汽轮机热耗（设计值） | kJ/kWh | 11 750 |
| 16 | 额定转速 | r/min | 5500 |
| 17 | 汽轮机-发电机轴系临界转速 | r/min | 2700 |
| 18 | 汽轮机单个转子临界转速（一阶） | r/min | 2610 |
| 19 | 汽轮机单个转子临界转速（二阶） | r/min | 8640 |
| 20 | 汽轮机轴承允许最大振动 | mm | 0.03 |
| 21 | 过临界转速时轴承允许最大振动 | mm | 0.10 |
| 22 | 汽轮机中心高（距运转平台） | mm | 1200 |
| 23 | 汽轮机本体总重 | t | 48 |
| 24 | 汽缸上半总重 | t | 4.445 |
| 25 | 汽缸下半总重 | t | 6.662 |
| 26 | 汽轮机转子总重 | t | 4.627 |
| 27 | 汽轮机本体最大尺寸 | mm | 5350×3480×3650 |

**三、发电机组**

电厂配置两台 QFW25-4/10.5kV 发电机组，发电机参数见表 2-12，额定功率 25MW，出口电压 10.5kV。1 号发电机经发电机专用出口断路器接 1 号主变压器（简称主变）低压侧和厂用电 10kV 的 A 段母线；2 号发电机经发电机专用出口断路器接 2 号主变低压侧和厂用电 10kV 的 B 段母线。发电

发电机结构

机中性点通过接地变压器高阻接地，发电机额定转速为 1500r/min，频率为 50Hz，采用封闭循环通风系统，并装有空气冷却器来冷却机内空气。

**表 2-12**　　　　　　　　　　　　　　　　**发电机参数**

| 序号 | 名称 | 单位 | 技术规范 |
|---|---|---|---|
| 1 | 型号 | | QFW25-4/10.5kV |
| 2 | 额定容量 | MVA | 37.5 |
| 3 | 额定功率 | MW | 25 |
| 4 | 额定电压 | kV | 10.5 |
| 5 | 额定电流 | A | 1718 |
| 6 | 额定频率 | Hz | 50 |
| 7 | 额定转速 | r/min | 1500 |
| 8 | 功率因数 | | 0.8 |
| 9 | 相数 | | 3 |
| 10 | 极数 | | 4 |
| 11 | 接法 | | Y |
| 12 | 满载励磁电流 | A | 354 |
| 13 | 满载励磁电压 | V | 275 |
| 14 | 绝缘等级/使用等级 | | F/F |

　　发电机励磁系统采用三机无刷励磁，无刷励磁装置由同轴的交流无刷励磁机、励磁功率单元和自动电压调节器组成。每台发电机设置 1 台型号为 S11-40000/121，变比为 10.5/121($2\%\pm2.5\%$) 的变压器，采用 YNd11 接线，中性点直接接地。

　　厂用电系统采用 10kV 和 0.4kV 两个电压等级。高压厂用电系统为 10kV 电压等级，共四段：10kV 母线 A、B、C 段和保安电源 0 段。正常运行时 10kV 母线 A、B 段分列运行，分别由 1 号/2 号发电机出口引接；10kV 母线 C 段与 A 段和 B 段相联，由 A 段供电；保安段接有两路电源，10kVA 段和外部电网备用电源，正常时由 10kVA 段供电。

　　低压厂用电系统共十一段动力中心段，A 段和 B 段互为备用，C 段与 D 段互为备用，E 段与 F 段互为备用，G 段与 H 段互为备用，渗沥液 A 段与渗沥液 B 段互为备用，分别由十一台不完全相同容量的 10/0.4kV 干式变压器接至 10kV 母线 A、B、C 段母线上，采用 Dyn 接线，低压侧采用中性点直接接地。

# 第三章　垃圾焚烧物质平衡及热平衡

## 第一节　垃圾焚烧物质转化分析

### 一、垃圾焚烧系统输入与输出的物料

生活垃圾焚烧过程中，输入系统的物料包括生活垃圾、空气、烟气净化所需的化学物质及大量的水。生活垃圾在焚烧时，其中的有机物与空气中的部分氧气发生化学反应生成二氧化碳进入烟气中，并生成部分水蒸气；生活垃圾中所含的水分吸收热量后汽化变为烟气中的一部分，其中的不可燃物（无机物）以炉渣形式从系统内排出。进入系统内的空气经过燃烧反应后，其未参与反应的剩余部分与反应过程中生成的二氧化碳、水蒸气、气态污染物以及细小的固体颗粒物（飞灰）组成烟气排至后续的烟气净化系统。进入系统内的化学物质与烟气中的污染物发生化学反应后，大部分变为飞灰排出系统，而净化后的烟气则从烟囱排入大气中。进入焚烧系统的水主要包括冷却水、补充水、烟气净化系统用水及其他必要的用水，最终以水蒸气和废水的形式从系统排出。焚烧系统物料的输入与输出如图 3-1 所示。

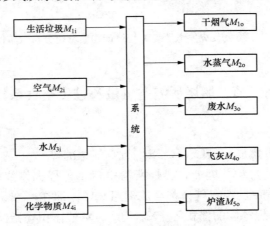

图 3-1　焚烧系统物料的输入与输出

根据质量守恒定律，输入的物料质量应等于输出的物料质量，即

$$M_{1i} + M_{2i} + M_{3i} + M_{4i} = M_{1o} + M_{2o} + M_{3o} + M_{4o} + M_{5o} \tag{3-1}$$

式中　$M_{1i}$——进入焚烧系统的生活垃圾量，kg/d；

　　　$M_{2i}$——焚烧系统的实际供给空气量，kg/d；

　　　$M_{3i}$——焚烧系统的用水量，kg/d；

　　　$M_{4i}$——烟气净化系统所需的化学物质量，kg/d；

　　　$M_{1o}$——排出焚烧系统的干蒸汽量，kg/d；

　　　$M_{2o}$——排出焚烧系统的水蒸气量，kg/d；

　　　$M_{3o}$——排出焚烧系统的废水量，kg/d；

$M_{4o}$——排出焚烧系统的飞灰量，kg/d；

$M_{5o}$——排出焚烧系统的炉渣量，kg/d。

一般情况下，焚烧系统的物料输入量以生活垃圾、空气和水为主。输出量则以干烟气、蒸汽及炉渣为主。有时为了简化计算，常以这六种物料作为物料平衡计算参数，而不考虑其他因素，计算结果可以基本反映实际情况。

**二、垃圾焚烧产物质量分布**

垃圾焚烧后，其焚烧产物大部分为气体，相当一部分以炉渣排出，飞灰所占比重相对较少。某垃圾焚烧发电厂垃圾焚烧产物质量比分布如图 3-2 所示。

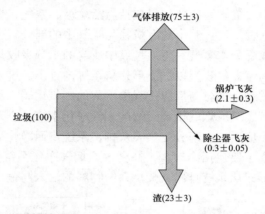

图 3-2　某垃圾焚烧发电厂垃圾焚烧产物质量比分布（单位：%）

# 第二节　燃烧所需空气量及过量空气系数

**一、燃料燃烧所需空气量**

燃烧是垃圾燃料中可燃成分（C、H、S）与空气中的氧气（$O_2$）在高温条件下所发生的强烈化学反应并放热的过程。因此，燃烧所需空气量可根据燃烧的化学反应关系进行计算。计算中把空气与烟气中的组成气体都当成理想气体，即在标准状态（0.101MPa 大气压力和 0℃）下，1kmol 理想气体的体积等于 22.4m³。本节体积均指标准状态下。

1. 理论空气量

1kg 生活垃圾完全燃烧而又没有剩余氧存在时所需要的空气量称为理论空气需要量，用符号 $V^0$ 表示，其单位为 m³/kg。理论空气量可根据垃圾的燃烧方程式推导出的 1kg 垃圾完全燃烧所需的空气量。以 1kg 收到基燃料为基础。

垃圾的燃烧实际上是垃圾中可燃物碳、氢、硫的燃烧。

（1）碳的燃烧反应。

碳完全燃烧时，其化学反应式为

$$C + O_2 = CO_2 \tag{3-2}$$
$$12kgC + 22.4m^3O_2 = 22.4m^3CO_2$$
$$1kgC + 1.866m^3O_2 = 1.866m^3CO_2$$

由此可知：1kg 碳完全燃烧时需要 1.866m³ 氧气，并生成 1.866m³ 二氧化碳。

1kg 燃料中含碳量为 $\dfrac{C_{ar}}{100}$kg，1kg 燃料中的碳完全燃烧需要的氧气量为 $1.866\dfrac{C_{ar}}{100}m^3$

（2）氢的燃烧反应。

氢的燃烧反应式为

$$2H_2 + O_2 = 2H_2O \tag{3-3}$$

$$4.032kg\ H_2 + 22.4m^3\ O_2 = 44.8m^3\ H_2O$$

$$1kg\ H_2 + 5.56m^3\ O_2 = 11.1m^3\ H_2O$$

1kg 氢完全燃烧时需要 $5.56m^3$ 氧气，并产生 $11.1m^3$ 水蒸气。

1kg 燃料中含氢 $\dfrac{H_{ar}}{100}$kg，1kg 燃料中的氢完全燃烧所需要的氧气量为 $5.56\dfrac{H_{ar}}{100}m^3$

（3）硫的燃烧反应。

硫的燃烧反应式为

$$S + O_2 = SO_2 \tag{3-4}$$

$$32kg\ S + 22.4m^3\ O_2 = 22.4m^3\ SO_2$$

$$1kg\ S + 0.7m^3\ O_2 = 0.7m^3\ SO_2$$

1kg 硫完全燃烧时需要 $0.7m^3$ 氧气，并产生 $0.7m^3$ 二氧化硫。

1kg 燃料中含硫 $\dfrac{S_{ar}}{100}$kg，1kg 燃料中的硫完全燃烧需要的氧气量为 $0.7\dfrac{S_{ar}}{100}m^3$

燃料燃烧时，1kg 燃料本身释放出的氧气量为 $0.7\dfrac{O_{ar}}{100}m^3\left(\dfrac{22.41}{32}\times\dfrac{O_{ar}}{100}\right)$

综上所述，1kg 燃料完全燃烧时，需要从空气中取得的理论氧气量为

$$V_{O_2}^0 = 1.866\frac{C_{ar}}{100} + 5.56\frac{H_{ar}}{100} + 0.7\frac{S_{ar}}{100} - 0.7\frac{O_{ar}}{100} \quad m^3/kg \tag{3-5}$$

空气中氧的体积含量为 21%，所以 1kg 燃料完全燃烧所需的理论空气量为

$$V^0 = \frac{V_{O_2}^0}{0.21} = 0.088\ 9C_{ar} + 0.265H_{ar} + 0.033\ 3S_{ar} - 0.033\ 3O_{ar} \quad m^3/kg \tag{3-6}$$

以上所计算的空气量都是指不含蒸汽的理论干空气量。

2. 实际供给空气量

垃圾在炉内燃烧时很难与空气达到完全理想的混合，如仅按理论空气需要量给它供应空气，必然会有一部分垃圾得不到它所需要的氧而达不到完全燃烧，为了使垃圾在炉内能够燃烧完全，减少不完全燃烧热损失，实际送入炉内的空气量要比理论空气量大些，这一空气量称为实际供给空气量，用符号 $V_k$ 表示，单位为 $m^3/kg$。

**二、过量空气系数及计算**

1. 过量空气系数

实际供给空气量与理论空气量之比，称为过量空气系数，用符号 $\alpha$ 表示（在空气量计算时用 $\beta$ 表示），即

$$\alpha = \frac{V_k}{V^0} \tag{3-7}$$

有了过量空气系数 $\alpha$，实际空气量即可表示为

$$V_k = \alpha V^0 \quad m^3/kg \tag{3-8}$$

实际供给空气量与理论空气量之差，称为过量空气量，用 $\Delta V$ 表示，即

$$\Delta V = V_k - V^0 = (\alpha - 1) V^0 \qquad \text{m}^3/\text{kg} \tag{3-9}$$

对相同成分的垃圾燃料，其理论空气量相同，此时只要讲 $\alpha$ 为多少，即可表示其实际供应空气量的多少，对不同型式的锅炉、不同的燃料，其 $\alpha$ 不同。实际过量空气系数 $\alpha$，一般是指炉膛出口处的过量空气系数，这是因为炉内燃烧过程是在炉膛出口处结束。过量空气系数是锅炉运行的重要指标，太大会增大烟气体积使排烟损失增加，太小则不能保证燃料完全燃烧。它的最佳值与燃料种类、燃烧方式以及燃烧设备的完善程度有关，应通过试验确定。

2. 运行时过量空气系数的计算

过量空气系数直接影响炉内燃烧的好坏及热损失的大小，所以运行中必须严格控制其大小。对于正在运行的锅炉，过量空气系数可根据烟气分析结果加以确定。

过量空气系数近似计算公式为

$$\alpha = \frac{21}{21 - O_2} \tag{3-10}$$

式中　$O_2$——干烟气中氧的成分体积含量，%。

由式（3-10）可知，只要测出烟气中的氧量 $O_2$，就可以近似地确定过量空气系数 $\alpha$ 的大小。$O_2$ 与 $\alpha$ 二者之间存在这样的关系，即 $O_2$ 大时，$\alpha$ 就大；反之 $O_2$ 小，$\alpha$ 就小。电厂锅炉一般采用磁性氧量计或氧化锆氧量计来测定烟气中的氧量 $O_2$。由于用烟气中过剩氧量 $O_2$ 来监视过量空气系数大小，燃料变化时对过量空气系数的影响很小，所以电厂采用氧量计监视运行中的过量空气系数较为普遍。

3. 漏风系数的计算

一般垃圾焚烧发电锅炉多为平衡通风负压运行（即炉内压力略低于外界大气压力），在炉膛及烟道的结构不十分严密的情况下，会有空气从炉外漏入炉内，从而沿烟气流程过量空气系数 $\alpha$ 不断增大。为了查明炉膛及烟道中各受热面的漏风程度，引用了漏风系数的概念。某一级受热面的漏风系数 $\Delta\alpha$ 为该级受热面的漏风量 $\Delta V$ 与理论空气量 $V^0$ 的比值，即

$$\Delta\alpha = \frac{\Delta V}{V^0} \tag{3-11}$$

某级受热面的漏风系数，也可用该级受热面出口过量空气系数 $\alpha''$ 和进口过量空气系数 $\alpha'$ 的差表示，即

$$\Delta\alpha = \alpha'' - \alpha' \tag{3-12}$$

由式（3-10）可知，只要测出某级受热面进、出口烟气中的 $O_2$ 量，即可确定漏风系数的大小。

锅炉漏风直接关系到锅炉的安全经济运行，因此必须尽可能减少锅炉漏风。漏风系数与锅炉结构、安装及检修质量、运行操作情况等有关。

## 第三节　垃圾焚烧锅炉热平衡

### 一、热平衡概念

垃圾燃料在锅炉中燃烧放出大量的热能，其中绝大部分热量被锅炉受热面中的工质吸收，这是被利用的有效热量。在锅炉运行中，燃料实际上不可能完全燃烧，其可燃成分未燃

烧造成的热量损失称为锅炉未完全燃烧热损失；此外，燃料燃烧放出的热量也不可能完全得到有效利用，有的热量被排烟、灰渣带走或透过炉墙损失了。这些损失的热量，称为锅炉热损失，其大小决定了锅炉的热效率。

从能量平衡的观点来看，在稳定工况下，输入锅炉的热量应与输出锅炉的热量相平衡，锅炉的这种热量收、支平衡关系称为锅炉热平衡。输入锅炉的热量是指伴随垃圾燃料送入锅炉的热量；输出锅炉的热量可以分成两部分，一部分是有效利用热量，另一部分就是各项热损失。

锅炉热平衡是按 1kg 固体或液体燃料（对气体燃料则是 $1m^3$）为基础进行计算的。在稳定工况下，锅炉热平衡方程式为

$$Q_r = Q_1 + Q_2 + Q_3 + Q_4 + Q_5 + Q_6 \quad kJ/kg \tag{3-13}$$

式中　　$Q_r$——随 1kg 垃圾燃料输入锅炉的热量，kJ/kg；

$Q_1$——对应于 1kg 垃圾燃料锅炉的有效利用热量，kJ/kg；

$Q_2$——对应于 1kg 垃圾燃料的排烟损失的热量，kJ/kg；

$Q_3$——对应于 1kg 垃圾燃料的化学不完全燃烧损失的热量，kJ/kg；

$Q_4$——对应于 1kg 垃圾燃料的机械未完全燃烧损失的热量，kJ/kg；

$Q_5$——对应于 1kg 垃圾燃料的锅炉散热损失的热量，kJ/kg；

$Q_6$——对应于 1kg 垃圾燃料的灰渣物理热损失的热量，kJ/kg。

将式（3-13）除以 $Q_r$ 并表示成百分数，则可以建立以百分数表示的热平衡方程式，即

$$100 = q_1 + q_2 + q_3 + q_4 + q_5 + q_6 \quad \% \tag{3-14}$$

式中　　$q_1 = \dfrac{Q_1}{Q_r} \times 100\%$，锅炉有效利用热量占输入热量的百分数；

$q_2 = \dfrac{Q_2}{Q_r} \times 100\%$，排烟热损失占输入热量的百分数；

$q_3 = \dfrac{Q_3}{Q_r} \times 100\%$，化学不完全燃烧热损失占输入热量的百分数；

$q_4 = \dfrac{Q_4}{Q_r} \times 100\%$，机械未完全燃烧热损失占输入热量的百分数；

$q_5 = \dfrac{Q_5}{Q_r} \times 100\%$，锅炉散热损失占输入热量的百分数；

$q_6 = \dfrac{Q_6}{Q_r} \times 100\%$，灰渣物理热损失占输入热量的百分数。

**二、垃圾焚烧锅炉输入热量**

锅炉输入热量是由锅炉范围以外输入的热量，不包括锅炉范围内循环的热量。对应于 1kg 垃圾燃料输入锅炉的热量 $Q_r$ 包括垃圾燃料收到基低位发热量、燃料的物理显热、辅助燃料带入的热量和外来热源加热空气时带入的热量。

燃料的物理显热在多数情况下数值是很小的，可忽略不计。在垃圾焚烧过程中，不需要一直添加辅助燃料帮助焚烧炉的燃烧，所以正常运行中也不计入辅助燃料带入的热量。因此垃圾燃料输入锅炉的热量公式为

$$Q_r = Q_{net,ar} + Q_{wr} \quad kJ/kg \tag{3-15}$$

式中　　$Q_{net,ar}$——燃料的收到基低位发热量，kJ/kg；

$Q_{wr}$——外来热源加热空气时带入的热量，kJ/kg。

外来热源加热空气时带入的热量公式为：

$$Q_{wr} = \beta(I_{rk}^0 - I_{lk}^0) \qquad kJ/kg \tag{3-16}$$

式中 $\beta$——被加热空气的过量空气系数；

$\qquad I_{rk}^0$——加热后空气的理论空气焓；

$\qquad I_{lk}^0$——加热前空气的理论空气焓。

对于垃圾焚烧锅炉，如垃圾和空气都未用外来热源进行加热时，则锅炉输入热量$Q_r$等于垃圾的收到基低位发热量$Q_{net,ar}$。

### 三、垃圾焚烧锅炉有效利用热量

锅炉有效利用热量包括过热蒸汽的吸热、再热蒸汽的吸热、饱和蒸汽的吸热和汽包连续排污时污水的吸热。对于非供热机组，锅炉有效利用热量要用下式计算，即

$$Q_1 = \frac{D_{sh}(h_{sh}'' - h_{fw}) + D_{rh}(h_{rh}'' - h_{rh}') + D_{bl}(h_{bl} - h_{fw})}{B} \tag{3-17}$$

式中 $D_{sh}$、$D_{rh}$、$D_{bl}$——分别为过热蒸汽、再热蒸汽、排污水的流量，kg/h；

$\qquad h_{sh}''$、$h_{bl}$、$h_{fw}$——分别为过热器出口、排污水、给水的焓，kJ/kg；

$\qquad h_{rh}''$、$h_{rh}'$——分别为再热器出口、进口蒸汽的焓，kJ/kg；

$\qquad B$——每小时的垃圾消耗量，kg/h。

无再热器时不计入再热蒸汽的吸热。

### 四、垃圾焚烧锅炉的各项热损失

**（一）机械未完全燃烧损失**

1. 机械未完全燃烧损失的计算

机械未完全燃烧损失是由于灰渣中含有未燃尽的碳造成的热损失。

$$q_4 = \frac{32866A_{ar}}{Q_r}\left(\frac{\alpha_{fh}C_{fh}}{100 - C_{fh}} + \frac{\alpha_{lz}C_{lz}}{100 - C_{lz}}\right) \qquad \% \tag{3-18}$$

式中 $C_{lz}$——炉渣中残碳的质量含量百分数；

$\qquad C_{fh}$——飞灰中残碳的质量含量百分数；

$\qquad A_{ar}$——燃料的收到基灰分，％；

$\qquad \alpha_{fh}$——飞灰中纯灰量占燃料总灰量的份额；

$\qquad \alpha_{lz}$——炉渣中纯灰量占燃料总灰量的份额。

2. 影响机械未完全燃烧热损失的因素

影响 $q_4$ 大小主要与炉灰量和灰中可燃物有关。其中炉灰量主要与燃料中灰含量有关；而炉灰中的残碳含量则与燃料性质、燃烧方式、炉膛结构、锅炉负荷以及司炉的操作调整水平有关。机械未完全燃烧热损失是锅炉热损失中的一个主要项目，通常仅次于排烟热损失。

不同燃烧方式的数值差别很大，例如层燃炉、沸腾炉这项损失较大，旋风炉较小，煤粉炉介于两者之间，固态排渣煤粉炉又较液态排渣煤粉炉大。锅炉负荷过低，会使炉温降低，燃烧反应减慢都使 $q_4$ 增加。过量空气系数控制不当，一、二次风调整不合适，都会使 $q_4$ 增加。

为了减少垃圾炉的 $q_4$ 的损失，除应使焚烧炉结构设计的合理外，在运行中还应做好燃烧调整工作。

（二）化学未完全燃烧热损失

化学未完全燃烧热损失是指排烟中含有未燃尽的 CO、$H_2$、$CH_4$ 等可燃气体未燃烧所造成的热损失。

1. 化学未完全燃烧热损失的计算

对于运行中的锅炉，其化学不完全燃烧损失的热量 $Q_3$ 应等于烟气中所有可燃气体的发热量之和，对于煤粉炉，$q_3$ 一般不超过 0.5%。

化学不完全燃烧损失 $q_3$ 可按下式计算，即

$$q_3 = \frac{Q_3}{Q_r} \times 100 = \frac{V_{gy}}{Q_r}\left(12\,640\,\frac{CO}{100} + 10\,800\,\frac{H_2}{100} + 35\,820\,\frac{CH_4}{100}\right) \times 100\left(1 - \frac{q_4}{100}\right) \quad \%$$

$$(3-19)$$

式中
$\qquad V_{gy}$——干烟气体积，$m^3/kg$；

$\qquad CO$——烟气中一氧化碳体积占干烟气体积的百分数，%；

$\qquad H_2$——烟气中氢气体积的百分数，%；

$\qquad CH_4$——烟气中甲烷体积占干烟气体积的百分数，%；

$12\,640$、$10\,800$、$35\,820$——一氧化碳、氢、甲烷的发热量，$kJ/m^3$；

$\qquad 1 - \frac{q_4}{100}$——考虑 $q_4$ 使 $q_3$ 的减少因素。

式（3-19）中的 $CH_4$、$H_2$ 要用全烟气分析器来测定。当燃用固体燃料时，烟气中 $CH_4$、$H_2$ 的含量极少，常忽略不计。只考虑一氧化碳时 $q_3$ 按下式计算：

$$q_3 = \frac{V_{gy}}{Q_r} \times 12\,640CO \times \frac{100 - q_4}{100} \quad \%$$

$$= \frac{236(C_{ar} + 0.375S_{ar})CO}{Q_r(RO_2 + CO)}(100 - q_4) \quad \% \qquad (3-20)$$

2. 影响化学未完全燃烧热损失的主要因素

影响化学未完全燃烧热损失的主要因素是炉内过量空气系数、燃料的挥发分、炉膛温度、燃料与空气混合情况、燃烧器结构与布置、炉膛结构等。

过量空气系数过小，氧气供应不足，会使 $q_3$ 增大；过量空气系数过大，又会使炉温降低，故过量空气系数必须适当。一般用挥发分较多的燃料，炉内可燃气体增多而炉内空气动力工况不好，易出现不完全燃烧，会使 $q_3$ 增大。炉膛容积小，高度不够，水冷壁布置过多以及燃烧器布置不合理等也会使 $q_3$ 增大。此外锅炉在低负荷下运行时，会使炉温降低，燃烧不稳定，使 $q_3$ 增加。

为了减少此项损失，除应在设计中做到使焚烧炉结构合理外，在运行中还应设法保持较高的炉膛温度、适当的过量空气系数并使燃料与空气充分混合，这一点对燃用高挥发分燃料尤为重要。

（三）排烟热损失

排烟热损失是指离开锅炉的烟气温度高于外界空气，排烟带走一部分锅炉的热量所造成的热损失。

1. 排烟热损失的计算

排烟热损失可由排烟焓 $h_{py}(kJ/kg)$ 与冷空气焓 $h_{lk}(kJ/kg)$ 来计算，即

$$q_2 = \frac{Q_2}{Q_r} \times 100 = \frac{h_{py} - \alpha_{py} h_{lk}}{Q_r} \times (100 - q_4) \qquad \% \qquad (3\text{-}21)$$

式中　　$h_{py}$——排烟的焓，kJ/kg；

　　　　$h_{lk}$——理论冷空气焓，kJ/kg；

　　　　$\alpha_{py}$——排烟处过量空气系数。

2. 影响排烟热损失的因素及分析

在锅炉的各项热损失中，排烟热损失是最大的一项，典型垃圾焚烧余热锅炉，$q_2$ 一般在 12%～18%。影响排烟热损失的主要原因是排烟焓 $h_{py}$，而排烟焓又取决于排烟体积和排烟温度。显然，排烟体积大，排烟温度高，则排烟热损失也大。垃圾焚烧锅炉一般排烟温度每升高 10～15℃，排烟热损失约增加 1%。排烟体积的大小取决于炉内过量空气系数和锅炉漏风量。过量空气系数越大，漏风量越大，则排烟体积越大。炉膛及烟道各处漏风，都将使排烟处的过量空气系数增大，过量空气系数每增加 0.1，排烟热损失增加 0.7%～0.9%。

降低排烟热损失主要有降低排烟温度和降低过量空气系数两种措施。为防止低温腐蚀，目前城市生活垃圾焚烧锅炉典型排烟温度一般在 190～200℃，比常规燃煤机组约 130℃的排烟温度高 60～70℃。过量空气系数对焚烧锅炉内垃圾燃烧状况影响很大，增大过量空气系数可以提供过量的空气、增加炉内的湍流度，有利于垃圾的充分燃烧。但过量空气系数过大可能造成炉内温度降低、增加输送空气及预热空气所需的能量。一般来说，垃圾焚烧余热锅炉出口氧含量一般在 8%～11%，折算过量空气系数为 1.6～2.1，常规燃煤锅炉过量空气系数一般控制在 1.2 左右。降低过量空气系数可能导致垃圾焚烧效率的降低。通过强化湍流燃烧、改善配风等措施可以尽可能地减少低过量空气系数条件下 CO 等可燃物的浓度，保证垃圾焚烧的整体效率。

另外，锅炉运行情况，也对 $q_2$ 有影响。当受热面积灰和结垢时，会使传热减弱，排烟温度升高，$q_2$ 增大。所以运行时，应及时吹灰清渣，并注意监视给水、炉水和蒸汽品质，以保持受热面内外清洁，降低排烟温度，提高锅炉效率。

（四）散热损失

散热损失是指焚烧锅炉在运行中，由于汽包、联箱、汽水管道、炉墙等的温度均高于外界空气温度而散失到空气中去的那部分热量。

1. 散热损失的计算

由于散热损失通过试验来测定是非常困难的，所以通常是根据大量的经验数据绘制出锅炉额定蒸发量 $D_e$ 与散热损失 $q_5^e$ 的关系曲线如图 3-3 所示，已知锅炉额定蒸发量，即可查出该额定蒸发量下的散热损失 $q_5^e$ 的数值。当锅炉在非额定蒸发量下运行时，散热损失 $q_5$ 公式为

$$q_5 = q_5^e \frac{D_e}{D} \qquad \% \qquad (3\text{-}22)$$

式中　　$q_5^e$——额定蒸发量的散热损失，%；

　$D_e$、$D$——锅炉额定蒸发量和锅炉实际蒸发量，t/h。

2. 影响散热损失的因素

影响散热损失的主要因素有锅炉额定蒸发量（即锅炉容量）、锅炉实际蒸发量（即锅炉负荷）、外表面积、水冷壁和炉墙结构、管道保温以及周围环境等。

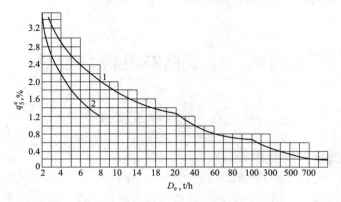

图 3-3 锅炉额定蒸发量 $D_e$ 与散热损失 $q_5^e$ 的关系曲线

1—有尾部受热面的锅炉；2—无尾部受热面的锅炉

一般来说，锅炉容量越大，散热损失 $q_5$ 就越小。对同一台锅炉来说，运行负荷越小，散热损失越大。这是由于锅炉外表面积并不随负荷的降低而减少，同时散热表面的温度变化又不大，所以 $q_5$ 与锅炉负荷近似成反比关系。

若水冷壁和炉墙等结构严密紧凑，炉墙及管道的保温良好，外界空气温度高且流动缓慢，则散热损失小。

（五）灰渣物理热损失的计算

灰渣物理热损失是指高温炉渣排出炉外所造成的热量损失。

1. 灰渣物理热损失的计算公式为

$$q_6 = \frac{Q_6}{Q_r} \times 100 = \frac{A_{ar}\alpha_{lz}c_h\theta_h}{Q_r} \quad \% \tag{3-23}$$

式中  $A_{ar}$——收到基燃料灰分，%；

$c_h$——炉渣比热容，kJ/(kg·℃)；

$\alpha_{lz}$——炉渣份额；

$\theta_h$——炉渣温度，℃。

2. 影响灰渣物理热损失的因素

影响灰渣物理热损失的因素有燃料灰分、炉渣份额以及炉渣温度。炉渣份额大小主要与燃烧方式有关，固态排渣量较小，液态排渣量较大。炉渣温度主要与排渣方式有关，液态排渣温度高，固态排渣温度低。

# 第四章 垃圾储存及进料系统

## 第一节 垃圾称重及卸料

### 一、垃圾焚烧发电厂垃圾接收系统

垃圾焚烧发电厂通过垃圾接收储存系统将垃圾发酵后，垃圾吊车将垃圾从垃圾储坑抓起并投入给料斗，给料装置与给料器相连，通过推料器的往复推送运动，将垃圾送入焚烧炉炉排上进行焚烧。

垃圾接收系统流程如图 4-1 所示。

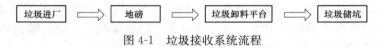

图 4-1 垃圾接收系统流程

（1）垃圾运输。垃圾运输采用专用垃圾运输车，载重量为 5~10t。

（2）垃圾称重。厂区入口处设置有全自动电子汽车衡，用于进出厂区物料的称重。电子汽车衡具有称重、记录、传输、打印及数据处理等功能。为提高称量效率，防止车辆因称重堵塞，设计采用动/静态式电子汽车衡，设非接触式识别系统和自动交通控制系统。垃圾运输车以低速经过电子汽车衡即可完成称量过程，无需停车，保证道路及车辆行驶的通畅。

（3）垃圾卸料。垃圾车经称重后进入垃圾卸料平台。卸料区主要由垃圾卸料平台及垃圾卸料门组成。为便于垃圾车卸料，垃圾平台设有导车台。垃圾车进入垃圾倾卸平台后，根据垃圾门上方交通指示灯，倒车至指定的卸料位。垃圾吊机控制室的操作人员根据垃圾储坑内垃圾分布情况，确定其中一个垃圾门的开启与关闭，垃圾车定位后将垃圾卸入垃圾储坑。为了保障安全，在垃圾卸料口设置车挡和事故报警措施，以防垃圾车翻入垃圾储坑。为防止垃圾储坑内负压不致过大，任何时间垃圾倾卸门有一两个处于开启状态。

### 二、垃圾倾卸平台

垃圾焚烧发电厂倾卸平台必须具备足够的空间，便于垃圾车的倾卸作业。平台本身的宽度取决于垃圾车的行驶路段和车辆的大小，并应以一次调头即可驶向规定的卸料门为设计原则。若为大规模设施，应采取单向行驶为宜。平台的形式宜采用室内型，以防止臭气外溢并防止降雨时雨水进入垃圾储坑。

垃圾焚烧发电厂的垃圾倾卸平台必须设计成可接收各种形式的垃圾车，包括垃圾转运站所使用的垃圾货柜车及各型压缩车。厂内在倾卸平台附近应设有地磅，所有垃圾车均需通过地磅自动测定所载垃圾的重量并记录储存。当称重完成时，必须以绿色指示灯指示驾驶，车辆依指示进入垃圾倾卸区，将垃圾倾卸至垃圾储坑，操作人员可借绿灯的控制来使储坑内垃圾分布均匀。

为了避免臭味外溢，垃圾倾卸区设计成一个完全封闭的卸料大厅，卸料大厅尽量减少出入口的数目，以尽可能维持其密闭性，通常卸料大厅只设有出口及入口各一个。垃圾倾卸区应拥有足够的面积，以便车辆行驶而不至于妨碍其他车辆的作业。在储坑内宜尽量保持负压，避免垃圾储坑中的臭气溢出，污染垃圾焚烧发电厂周围环境，可以通过由烟囱附近的引风机和储坑内一次空气的吸风口来维持垃圾储坑内的负压。在垃圾倾卸门打开时，可用气幕来隔离储坑及倾卸区，以进一步确保臭味不外溢。在垃圾倾斜槽前端，应设计适当的 U 形排水管，以防止污水进入储坑中。为维持平台清洁，应设置清洗地面的水栓，并应保持地面适度坡度及设备排水沟，以便排出污水。

倾卸平台的尺寸应依垃圾车辆的大小及其行驶路线而定，一般应以进入厂区的最大垃圾车辆作为设计的依据。进入倾卸平台的车辆最好能以一次倒车就可达垃圾投入口的定位，并据此制订平台上垃圾车的行驶路线，为了作业安全，应在投入口处设置挡车设施（如矮墙）及指示标识。一般位于倾卸平台卸料门的正前方，设置高约 20cm 的挡车墙，以防止车辆堕入垃圾储坑内，挡车矮墙的高度越高则越安全，但必须受制于车辆底盘高度的限制。垃圾车到达垃圾倾卸平台，将垃圾车倒车至定位台阶，此定位台阶可确保垃圾车移至适当的倾卸位置，并可防止垃圾车翻覆至储坑。车辆在投入垃圾后，有时会忘记放下车厢便开出，故须注意屋顶横梁、照明器具及配管类等的装设高度。此外，地面设计应考虑易于将掉落出的垃圾扫入垃圾储坑内的结构。为了防止污水的积存，平台应具有 20% 左右的坡度，借助集水沟将污水收集后送至污水处理厂进行处理。垃圾倾卸门的开与关必须能借助由位于每一倾卸门的控制按钮或吊车控制室内的选控按钮来启动并完成。为使在发生意外时能及时停止所有垃圾吊车及抓斗车的运行，每一倾卸区附近的适当位置必须有紧急停止按钮。

一般而言，倾卸平台为混凝土的构造物，必要时也可考虑设置防滑板，以防止人员滑倒及行车安全。为防止臭气、降雨及噪声对周围环境的影响，平台应以具有顶棚为宜，其出入口也应设置气幕及铁门，以阻绝臭气的扩散。倾卸平台的屋顶及侧墙也应保留适当的开口，以利采光并保持明亮清洁的气氛。其他附属空间则包括倾卸门驱动装置室、倾卸门操作室、垃圾抓斗维修室、除臭装置室等。

**三、垃圾卸料门**

为屏蔽垃圾储坑，防止储坑内粉尘与臭气的扩散及鼠类、昆虫的侵入，应配置气闭性高、耐久性佳、强度优异及耐腐蚀性的卸料门。卸料门的尺寸应考虑垃圾车辆的大小，卸料门的数量则必须以垃圾车在高峰时的数量为设置依据。此外，卸料门的开闭动作应以不妨碍储坑内吊车作业为原则。

卸料门的形式分为两种：一类设置于倾卸平台的侧壁上，另一类设置于倾卸平台地板上，目前多采用侧壁左右两扇开闭式卸料门。

1. 侧壁式

（1）左右两扇开闭式。由两扇铰链连接的细长门组成，以垂直方式装设，具有开闭时间短的优点。门的开闭可以油压、气压或电动等方式来驱动。此型门与中间两折式有相同的缺陷，故在结构设计时应以不妨碍吊车操作为原则，左右两扇开闭式卸料门如图 4-2 所示。

（2）中间两折铰链式。其关闭时呈倾斜状态，因门的自重施压于封闭部分，故气密性高，但为了避免开启时门缘突出至储存槽内，必须设计成中间两折式，以不至妨碍储坑内吊车的操作，门的开闭主要以液压系统来驱动，中间两折铰链式卸料门如图 4-3 所示。

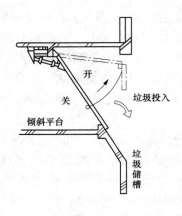
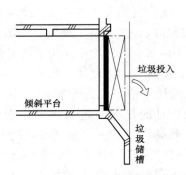

图 4-2　左右两扇开闭式卸料门　　　图 4-3　中间两折铰链式卸料门

（3）百叶式。其优点为占用空间小，可更有效利用倾卸平台。门可采用一般材料，故建设费低，具经济性；缺点为难以保持气密性，故防臭性差。一般以电力来驱动门的开闭，适用于小规模的焚烧炉。

（4）滑门式。在倾卸平台天井侧，将门滑上，具有开闭迅速的优点，但气密性低。一般以电力来驱动门的开关。

2. 地面式

（1）旋转圆筒式。将垃圾投入圆筒内，然后借旋转的圆筒将垃圾送入储坑内。一般以液压或电控来驱动门的开关。其优点为在垃圾投入作业时仍可保持气密性；缺点为采用此方式会使倾卸平台面积变大，且在运送垃圾高峰时段时，圆筒却无法保持连续开启状态，增加倾卸作业时间。

（2）旋转门式。一般以油系统来驱动门的开关，可连续投入，气密性高，但门开关时易卡住垃圾，且倾卸平台所需面积较大。

（3）平面滑门式。能做到连续投入，并具备防止垃圾卡住的效果，气密性较其他地面投入方式差，一般的开关采用液压式。

卸料门口部分的高度须满足垃圾车车体的最大高度及无碍倾卸作业的要求，宽度以车体宽度的 1.2 倍为宜。卸料门的设置数量，以高峰时段不堵车且可充分维持连续投入作业为原则。垃圾卸料门设置数量见表 4-1。此外，若有规格特殊的车辆，可专门为该类型车辆设置卸料门。卸料门的开启与关闭，一般可在门侧现场操作，为防止错误发生，应尽可能对指定操作以外的开闭，采用内部闭锁系统来控制。对于出入车辆较多的大规模设施，以全自动或中央控制室操作，也应保留现场操作系统的功能。

**表 4-1**　　　　　　　　　　　**垃圾卸料门设置数量**

| 垃圾处理规模（t/d） | 150～200 | 200～300 | 300～400 | 400～600 | >600 |
| --- | --- | --- | --- | --- | --- |
| 卸料门参考数量 | 4 | 5 | 6 | 8 | ≥10 |

安全方面，对于不具备倾倒功能的车辆，必须借人工卸下垃圾，为防止操作人员跌落储坑等事故发生，通常在卸料门前的倾卸平台设有倾倒箱，确保倾卸作业的安全。此外，为预防车辆装载过量，导致倾卸时重心不稳，可在门旁设置挂钩加以固定。

为避免垃圾储坑的深度过深,增加开挖的土方及施工作业的难度,通常将倾卸平台抬高再与架设道路相连。高架道路的坡度一般在 10°以下,若有曲线变化时,应使中心线半径在 15m 以上。

## 第二节　垃　圾　储　坑

### 一、垃圾储坑基本构造

根据 CJJ90《生活垃圾焚烧处理工程技术规范》的要求,垃圾储坑的容量应为 5～7d 的垃圾处理量。垃圾的收集、运输与垃圾焚烧发电厂的运转时间不一致,运送垃圾一般集中在每天一段或两段时间,而焚烧厂是 24h 连续运转,因此垃圾储坑必须具备适当的储存量。垃圾储坑的容量还必须考虑到短期停炉维修期间仍能容纳收集的垃圾。从国内垃圾焚烧经验证实,生活垃圾在储坑内存放一段时间有利于垃圾渗沥液析出,因而有利于垃圾的焚烧。综合以上因素,根据项目的特点,垃圾储坑设计考虑容量不少于 5～7d 垃圾的储存量。

垃圾储坑的容量根据垃圾清运、焚烧设施的运转、清运量的变动率及垃圾的密度等因素而定。一般在决定容量时,以垃圾单位体积密度 $0.3t/m^3$ 及可容纳 3～7d 最大日处理量为计算依据,而储坑容量的定义则仅以倾卸门水平线以下的容量为有效容量,若为增加储坑的容量及沥干效果,可将垃圾沿倾卸门对面的壁面堆高成三角状,以不妨碍倾卸作业为原则。

垃圾储坑应为不发生恶臭逸散的密闭构造,其上部配置吊车以进行进料作业,储坑与吊车间的关系如图 4-4 所示。垃圾储坑与垃圾进料斗的相对位置,可分为 L 形与 T 形两大类。L 形是在进料斗的横侧配置垃圾储坑,可减少吊车的跨距,但从吊车控制室到进料斗距离太远,使进料作业困难,不适用在炉数较多的锅炉;T 形配置的吊车跨距较大,但进料作业视野佳,目前多采用此种方式,如图 4-4 所示。

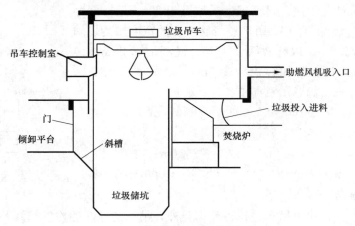

图 4-4　储坑与吊车间的关系

将倾卸平台设于较高的位置,可在不改变厂房的总高度下增加储坑的有效深度,但进入平台的高架道路可能要加长;储坑的宽度,主要依据倾卸门的数目决定,长度及深度应考虑垃圾吊车的操作性能与地下施工的难易度后加以决定。

储坑的底部通常位于地下,除承受土压、水压外,还支撑储坑内垃圾、上部屋顶与吊车的重量，一般使用具有水密性的钢筋混凝土构造。为防止渗沥液的渗透及吊车抓斗冲撞所造成的损害，在储坑内壁要增加混凝土的厚度及钢筋的被覆厚度。为了收集垃圾储坑的渗沥液，垃圾储坑底应有不小于 2‰ 的坡度，使渗沥液经拦污栅排入渗沥液收集槽内。垃圾渗沥液具有较高的黏性，需采取防堵塞措施。

储坑内壁应有可表示储坑内垃圾层高度的标识，便于吊车操作员能掌握储存状况。为防止垃圾储坑内臭气的扩散，在通往储坑或进料斗平台的通道前设置双层门的隔离室，通过一次风机抽取储坑内的气体作为助燃空气，保持储坑内的负压。

为防止垃圾焚烧锅炉内的火焰通过进料斗回燃到垃圾储坑内，以及垃圾储坑内意外着火，需要采取切实可行的防火措施。加强对垃圾储坑内垃圾的监视，一旦发现垃圾堆体自燃，及时采取灭火措施。

### 二、垃圾储坑有效容积与荷载

垃圾储坑的目的是避免短时间内焚烧垃圾量的不足而使焚烧炉停运，导致增加启、停炉次数，从而发生此期间烟气污染物较难控制的问题，通常是按 2~3d 的垃圾富余量确定垃圾储坑的有效容积。我国生活垃圾含水量较高，为保证充分燃烧，需要在垃圾储坑内堆放一段时间排出部分水分，提高垃圾热值，为此建议垃圾储坑有效容积应按 5~7d 的额定垃圾焚烧量确定。

垃圾储坑有效容积以卸料平台标高以下的池内容积为准，同时为适当控制其有效容量，可考虑在不影响垃圾运输车卸料和垃圾抓斗起重机正常作业的条件下，采取在远离卸料门或暂时关闭部分卸料门的区域，提高垃圾储存高度，增加垃圾储存量的措施。在计算垃圾储坑的容积时，垃圾堆积密度按实测垃圾堆重确定，按我国目前垃圾特性，也可取 $0.35t/m^3$。垃圾储坑有效宽度一般可按 9~24m 确定，且不应小于抓斗最大张角直径的 2.5~3 倍。垃圾储坑的长度一般按焚烧工房平面布置确定。

垃圾储坑容积计算示例：日处理生活垃圾 1600t，垃圾储存周期 5d，可设置垃圾卸料门 15 扇，垃圾储坑有效宽度按焚烧间平面布置确定为 75.5m，取有效深度 12m，纵深估算 24m，垃圾堆重按 $0.35t/m^3$ 计。附加容积高度 5m，纵深 24/2＝12m。

求：垃圾储坑总容积（例题示意如图 4-5 所示）。

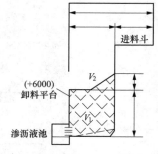

图 4-5 例题示意

**解**：需要容积：$V'=1600\times5/0.35=22\ 857(m^3)$

有效容积：$V_1=24\times12\times75.5=21.744(m^3)<V'$

附加容积：$V_2=12\times5\times75.5\times1/2=2265(m^3)$

总容积：$\Sigma V=V_1+V_2=21\ 744+2265=24\ 009(m^3)>V'$

### 三、进料斗平台

在进料斗平台上，除由吊车进行进料作业外，吊车与抓斗的检查与修补、垃圾的采样及平台的清理也可在进料斗平台上进行。

在平台上进行各项作业时，应注意的事项如下：

（1）确保吊车在接近进料斗时仍具有充分的吊入高度并保留吊车的上方及侧面的富余空间。

（2）风机的吸取口、吊车检查用楼梯及清除工具存放处的位置，应不妨碍吊车正常运作。

（3）在吊车的维修走廊，应设置扶手等安全措施。

（4）设置两台以上的垃圾吊车时，应保留停休吊车的退避空间，以不致妨碍进行吊车的正常作业。

（5）停休吊车的抓斗应置于进料斗平台上，其下并铺以木材或铁板，在平台上预留开孔，以方便将抓斗运出场外，并在开口部位设置覆盖，以保持良好的气密性。

由于抓斗的维修、缆绳的更换以及断裂部分的焊接等均在进料斗平台上进行，故应预留作业所需的空间，必要时在平台上也可设置收藏工具及材料的储藏室。

平台上沿垃圾储坑的周围也应设置防止坠落的栏杆，但此栏杆容易遭受抓斗的撞击而受损，故应设计成不失安全性又容易修理的构造。

**四、吊车控制室**

垃圾储坑端头中间位置设有吊车控制室，控制室与垃圾储坑完全隔离，有着良好的通风条件，保持不断地向室内注入新鲜空气。吊车操作人员视线可覆盖整个垃圾储坑。垃圾储坑的上面一般设置 2 台吊车，用于垃圾储坑内垃圾的翻混、倒运以及向焚烧炉供料。垃圾吊车由操作人员进行半自动化操作，垃圾抓取和翻混为人工控制，抓斗抓起后的行走和卸料为自动控制。吊车配备自动称量系统，可记录进入每台焚烧炉的垃圾量。垃圾受料斗上方设置电视监视器，操作人员可在控制室内清楚地看到料斗中垃圾的料位，以便及时加料。垃圾吊起重机具有完善的电气、超载、限位、防撞、连锁等安全保护功能。

吊车控制室可单独设置或与中央控制室合并设置。单独设置控制室的位置设于进料斗对面的中央高处，高度比进料斗平台高，操作员可俯视进料状况。

控制室的视窗应具有良好的气密性，且容易清洗，为提高防臭效率，也可将玻璃设计为固定不可拆卸型，而在其外设置自动清洗设备，通常在控制室内均保持正压，至于电器配线的开口也应仔细加以密封。在控制室内，为了保证操作人员的安全，应考虑采用夹有钢丝的安全玻璃，并设置必要的扶手、脚架台等，至于玻璃面的角度也应避免因屋顶照明或背后光源所造成的反射，而影响操作人员的视线。

吊车控制室应与其他房间隔离，故须特别考虑其舒适性，如自然采光、休息空间、空调及开水供应等设备，此外，距厕所的距离也应充分考虑。控制室的空间除考虑操作人员人数之外也应预测参观人数，并在必要场所设置扶手及其他安全设施，至于外界联络的通道宽度及步行距离也应检查，以供紧急避难时的需要。另外，操作员的上方可设置荧屏监视器，以便收录进料口上方摄影机的监视影像，使有利于操作。操作员的一般工作有如下三个方面：

（1）定时抓送储坑内垃圾进入进料斗。

（2）定时抓匀储坑垃圾，使其组成均匀，堆积平顺。

（3）定时检查是否有巨大垃圾，若发现有巨大垃圾，则送往破碎机处理。

**五、垃圾储坑的运行管理**

1. 垃圾量及堆料管理

解决好入厂垃圾量（供应侧）与入炉垃圾量（需求侧）之间的供量平衡。确保垃圾不胀库，若出现垃圾积压胀库，会造成如下影响：

（1）若设备有故障，没有时间检修；

（2）导排渠无法抓通；

（3）影响工作人员正常堆垛、倒垛，增加工作量；

（4）可燃垃圾量减少；

（5）垃圾发酵时间过长热值减少，这种垃圾在锅炉内燃烧产生虚火，不耐烧，温度高，蒸发量上不去；

（6）胀库还会引起水位过高，必须下泵抽水，增加人力物力。

入厂垃圾量少，会造成垃圾发酵时间不够，炉温无法保证，锅炉负荷降低，影响发电量。入厂垃圾量少时，应及时调整负荷确保垃圾有足够的发酵时间。减少入厂垃圾中的泥土、建筑垃圾、大树枝等大件杂物入库。卸料门前垃圾第一时间抓移干净、堆垛，以保证渗沥液顺利排出，汇集至垃圾渗沥液收集池集中处理。

垃圾储坑堆放的垃圾一般呈锥形，新进垃圾应从垃圾卸料门的两端进料，如：1～6号门，应优先选择1号或者6号垃圾卸料门进料，中间的垃圾卸料门没特殊情况不允许进垃圾。新料区和待烧区要有明显的分界线，以防新料覆盖。

条件允许的情况下，卸料门口垃圾应处于较低位置，卸料门下要抓出一条通道，使渗沥液可以畅通地流出。垃圾储坑的两端应尽量堆大垛，中间堆垛应稍微小点，避免挤到导排渠，每班交接导排渠必须畅通。按照垃圾储坑总体布置最佳分配区域应为3～4个区域，即堆料发酵区、过渡发酵区、投料区。

2. 垃圾仓取料管理

垃圾吊操作人员必须经常与当班值长和运行值班员保持联系，随时了解垃圾焚烧炉的运行状况和当前的炉温以及投炉垃圾的入炉位置情况。

因为每个层面的垃圾质量不同，投料之前必须把垛面垃圾抓至一起，抛洒均匀。抛洒的过程中可以把垛里的大件东西挑出来，这样既可以散垃圾里的潮气，也可通过抛洒的过程使垃圾松散，入炉垃圾松散也是避免蓬料的关键。给料时应底料位上料，底料位上料也是避免蓬料的重要因素。焚烧炉垃圾给料应均匀，避免焚烧炉垃圾向一侧偏料，一般中间稍厚两边薄，不影响炉排通风，有利于炉温的稳定。积压越久的垃圾越影响热值，为了避免底部垃圾越积越实，以后难清理，最好边烧边清底，烧完一垛清完一垛。

3. 垃圾给料注意事项

（1）运行值班人员应与垃圾吊司机加强联系，当值班人员发现入炉垃圾热值变化较大时应及时反馈给值长通知垃圾吊司机，调配入炉垃圾热值配比。垃圾吊司机在换区、换料时应提前通知值长和值班人员做好调整。运行值班人员接班之前，应观察垃圾质量，做到心中有数，便于调整。

（2）一般情况下，顶部的垃圾跟空气接触多发酵不好，发酵时间短，垃圾重量轻不耐燃，烧一垛前应先把顶部的垃圾抓走，放置在新垃圾区发酵。根据天气的不同和垃圾堆放时间决定开垛位置，冬季一般发酵7～10d，夏天3～5d，有经验的值班员看垃圾的颜色，判定垃圾质量。中部垃圾是最好的，底部垃圾水分大泥土多相对差点，底部垃圾应和中部垃圾掺烧，如最底部垃圾确实不好烧应抓至新垃圾区均匀混合。

（3）拌料时应该控制合理的松散高度（约3m），太低料松散不开，太高会因为重力的惯性冲击反而把料压实。

（4）投料应该均匀的投在落料槽处，不但可以防止料斗搭桥，而且还便于垃圾进入炉膛后，铺料比较均匀，不会造成一边厚、一边薄的现象，这样对燃烧有利，而且料斗内尽量保持略低料位，料太多就容易压得太实，到炉排上不利于风的穿透，料太少又容易造成料斗串风，以淹没落料槽竖直段为最佳。

生活垃圾焚烧发电厂垃圾吊运行是全厂经济运行的龙头，垃圾吊值班人员的责任心和运行经验是决定垃圾焚烧炉燃烧正常的关键。加强垃圾仓的管理，不仅可以保障机组系统的长期稳定运行，更能保障垃圾焚烧发电厂的经济效益。

## 第三节　进 料 系 统

### 一、垃圾焚烧发电厂进料系统

进料系统是用垃圾抓斗起重机将垃圾投入料斗并将垃圾连续不断地、安全地输送到炉排上的系统，系统由垃圾料斗、料斗盖兼架桥破解装置、垃圾溜管、推料器、料位探测器、冷却系统组成。垃圾料斗内的垃圾经设置在底部的垃圾溜管送到推料器上。在设计上充分考虑避免垃圾料斗和溜管架桥现象的发生，使供料保持顺畅。一旦发生架桥时，可以通过设置在料斗咽喉部的架桥破解装置破除架桥。这个架桥破解装置还兼料斗盖，停炉时可以隔断炉膛与垃圾储坑。为了使推料器连续稳定地向炉排供料，对液压缸的速度采用连续的流量控制，并使其重复往返运动。

### 二、垃圾料斗、溜管及连接用膨胀节

垃圾进料斗可将垃圾吊车投入的垃圾暂时储存并顺利供给垃圾至炉体内，可完全接受吊车抓斗一次投入的垃圾。喇叭状的进料斗，设有单向开关盖，以备停机及进料斗未盛满垃圾时可遮断外部侵入的空气及避免炉内火焰的窜出。

进料斗及溜槽的形状必须依垃圾性质、炉型等因素加以设计。一般进料斗可分为单喇叭垂直型和双边喇叭倾斜型，进料斗的型式如图 4-6 所示。溜槽则有垂直型及倾斜型两种，为防止溜槽下部因受热烧损或变形，通常装设水冷外壳、空冷散热片或耐火衬来进行保护。

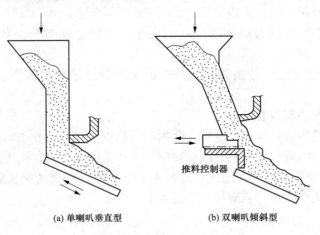

(a) 单喇叭垂直型　　　　(b) 双喇叭倾斜型

图 4-6　进料斗的型式

垃圾料斗、溜管以及连接部分的膨胀节应使垃圾能够在焚烧炉内连续、顺畅地向前输送，它具有以下要求：

（1）溜管底部采用宽口式结构，以避免因垃圾堆积而造成垃圾架桥的现象。

（2）在垃圾从抓斗起重机落下的地方安装有耐磨板，并为了使其能承受即使在被抓斗偶

尔撞击或块状垃圾掉下时的冲击，为料斗配置了加强材料，使其有足够的强度。另外，在焚烧炉进口的咽喉部设置了可更换的保护板，以便焚烧炉进口处产生磨损和破损时更换。

（3）喇叭部分与水平面呈45°以上的倾斜角，能够保证供料顺畅。

（4）料斗开口的尺寸是在考虑了起重机抓斗张开状态的尺寸以及使垃圾不撒落到料斗平台上，切实降低抓斗撞击垃圾料斗的危险性等因素后确定的。即至少比起重机抓斗打开时的尺寸宽1m。

（5）在焚烧能力充分的情况下，料斗的容量为1h以上的垃圾处理量。

（6）料斗及溜管垂直处的滞留垃圾，可以提高炉内的气密性，防止漏进空气及烟气漏出。

（7）料斗的底部及溜管处设置了水冷套，以防止来自炉内的热辐射、倒吸火等造成烧伤。各冷却水套的回水温度超过80℃，或者流量下降时，向中央控制室发出报警，使之可以测出由水量不足、倒火而引起的温度上升。

（8）料斗和溜管之间设置了可以充分吸收炉内热膨胀的高气密性膨胀节。由于溜管靠近炉膛，其内部的垃圾温度较高（通常小于100℃），通过热交换将热量传递给溜管，从而使溜管也处于较高温度，因此溜管钢件具有一定的热膨胀。但是由于给料斗固定在混凝土平台上，溜管固定在焚烧炉钢结构上，如果给料斗与溜管之间刚性连接，则会产生热应力，造成机械损伤。为此，在给料斗与溜管之间需要有一个柔性膨胀节，以补偿溜管的热膨胀。

（9）料斗上设置监视用工业电视、专用照明及作业用安全装置。为安全起见，料斗顶部与料斗平台保持1.2m以上的距离。

（10）进料斗内部堵塞是由于溜槽部分被障碍物（如木箱、长形物）卡住，或因吊车操作错误，投入位置偏离，在溜槽入口处形成局部压密现象造成。为了早期发现堵塞现象，常利用静电容量式、背压式或微波式等检查仪器检查。此外，吊车操作员需注意勿将粗大垃圾投入进料斗内，并将吊车停在正确的位置，再进行投入作业。

（11）为防止巡回检查人员坠落事故的发生，进料上端部分必须较进料斗平台高出800mm左右，并设有护栏。

（12）进料与溜槽部分一般由钢板制成，由于垃圾通过易造成磨损，故需具有足够的厚度。

**三、料斗盖兼架桥破解装置**

料斗盖兼架桥破解装置装在垃圾料斗咽喉部的锅炉一侧，由液压驱动，其运转控制箱设置在液压缸附近。停炉时以及启动升温过程中，料斗盖应该关闭。料斗盖兼架桥破解装置的开关既可以在DCS操作也可以在就地操作。为了防止来自炉内的热辐射、倒回火等造成烧伤，将水冷系统设置在料斗盖兼架桥破解装置上。

**四、推料器**

1. 推料器的功能

推料设备也称为推料控制器（或推料器），是将储于进料斗内的垃圾连续推入炉内燃烧的装置，需具备的功能如下：

（1）可连续顺利供给垃圾；

（2）可根据垃圾性质及炉内燃烧状况的变化，在适当范围内调整进料速度；

（3）可将进料斗内已被自重压缩的垃圾，在供料时将其松动成通气良好的状态；

（4）采用流动床式焚烧炉时，较易造成外界空气流入或气体吹出的现象，进而导致炉压变动，因此要求其气密性好。

2．推料方式

一般而言，推料设备根据焚烧炉种类有不同的方式：机械炉床焚烧炉多采用推入器式或炉床并用式添料装置，流化床式焚烧炉则采用螺旋推料器式及旋转进料器式添料装置。分别介绍如下：

（1）推入器式。借水平推料器的往返运动，将进料斗溜槽内的垃圾供入炉内。一般可由改变推料器的行程、运动速度及时间间隔来供给适当的垃圾量，其驱动方式通常采用液压式。

（2）炉床并用式。将干燥炉床的上部延伸至进料斗下方，随干燥炉床的运动，将进料斗通道内的垃圾送入。因添料装置与炉床为一体，故无法单独调整添料量。

（3）螺旋进料器式。采用螺旋进料器，则可维持较高的气密性，也可兼破袋与破碎的机能，至于垃圾供给量通常以螺旋转数来控制。

（4）旋转进料器式。旋转进料器式以破碎后的垃圾为对象，一般设置在添料输送带的尾端，输送带的形式多采用螺旋式及裙式输送带。旋转进料器的气密性高，且排出能力较大，其供给量则可借助改变添料输送带的速度来控制，而旋转数也能与添料输送带做同步变速。此外，应在旋转进料器后装设播散器，以使垃圾均匀分散入炉内。此外，因添料装置易受炉内传热的影响，故需考虑耐热性而敷设水冷或空冷壁，并以耐热材料来制作。

3．推料器结构及控制

目前常用推入器式推料器，通过推料器的向前运动将垃圾溜管内的垃圾往炉排推，当推料器退到尽头时，由于重力的关系，上方的垃圾沿刚刚腾出的空间落下，接着推料器又向前推，把垃圾推到炉排上，推料器结构如图4-7所示。推料器由2列组成，每列用1个液压缸驱动，驱动速度由自动燃烧控制系统决定。推料器既可远程操作也可就地操作。在远程操作，可以使其重复前进和后退的动作；在就地（燃烧装置控制盘）操作，可以通过按动前进/停止/后退的各个按钮，进行微动。

推料器的结构

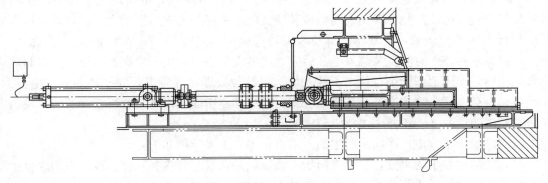

图 4-7　推料器结构

推料器的速度控制有串级、自动和手动3种控制模式。前进和后退的速度由DCS发出的速度控制信号控制。此信号在串级模式下由自动燃烧装置决定。DCS发出的信号经过装在燃烧装置控制盘内的增幅器进行放大，然后供油系统中的电磁比例流量控制阀根据放大信号控制油量。为了便于推料器阀门组的维修，在供油及回路配管上设置了手动断流阀。并使用3位电磁阀以切换前进动作和后退动作。放大增幅器或电磁比例流量控制阀发生故障时，推料器可以通过操作手动切换阀和控制阀（带按键）进行运转。速度控制器设置在电磁比例流量控制阀的旁路上。两个推料器在前进和后退的端头位置达到同步，分流阀均匀地向各液压缸供油。为了停炉前将全部垃圾推到炉排上，设定了检测液压缸全行程位置的终止极限开关，从而抑制停炉过程中二噁英、一氧化碳等的形成。

**五、料位探测器装置**

料斗的料位由超声波式料位仪监测，低位和高位报警传送到垃圾抓斗起重机及DCS。低位报警是为了防止气密性遭到破坏，高位报警是为了减少架桥现象的发生。如果料位在一段时间内没有变化，料斗的架桥警报将传送到DCS。

与此同时，为观察给料斗中的垃圾料位，在给料斗上方装有摄像头，摄像头的信号通过数据线与吊车控制室的电视相连，同时也将信号送往中央控制室。垃圾吊车操作员在电视屏幕上可观察到给料斗的垃圾料位，及时往给料斗中补充垃圾。同时，还可以观察到给料斗内是否有烟气或火焰产生，当有灾情发生时，可以及时提醒运行人员进行操作，从而维护机组的安全运行。

**六、冷却设备**

料斗的底部及溜管处设置了水冷套，以防止来自炉内的热辐射、倒吸火等造成烧伤。各冷却水套的回水温度超过80℃时，或者流量下降时，向中央控制室发出报警，使之可以测出由水量不足、倒火而引起的温度上升。冷却水从高架水箱通过重力送到垃圾料斗、垃圾溜管的水冷套和料斗盖兼架桥破解装置。

## 第四节 渗沥液收集系统

### 一、渗沥液的产生

垃圾渗沥液是垃圾在堆放过程中因重力压实、发酵等物理、生物及化学作用产生的废液。垃圾焚烧发电厂产生的渗沥液是垃圾焚烧发电厂主要的二次污染物之一。垃圾焚烧发电厂的垃圾在入炉焚烧前，通常将新鲜垃圾在垃圾储坑内进行3～7d的发酵熟化，以沥出水分，提高垃圾热值，有利于焚烧发电和后续系统的正常进行。由于中国生活垃圾分类制度不完善，生活垃圾中混入厨余垃圾、工业垃圾、建筑垃圾等行业垃圾，导致渗沥液产生量大、水质成分复杂、污染物浓度高、环境危害大。据统计，中国城市生活垃圾渗沥液产生量约占垃圾总量的10%～25%，平均约为18%。

影响垃圾焚烧发电厂渗沥液产生的因素有很多，主要归纳如下：

（1）生活垃圾中的水分，主要来源于生活垃圾外在水分和内在水分。垃圾中的水分主要来自生活垃圾中的瓜果蔬菜等厨余物，以及雨水侵蚀和冲洗水等。

（2）为提高热值，新鲜垃圾在垃圾储坑中会放置3～7d，垃圾中的有机物在微生物作用下经过厌氧反应和好氧反应发生降解，其反应方程式为

$$有机物 \xrightarrow{\text{好氧菌}} H_2O + CO_2 + NH_3 + NO_2 + SO_4^{2-} + PO_4^{3-} + \cdots$$

$$有机物 \xrightarrow{\text{厌氧菌}} H_2O + CO_2 + NH_3 + CH_4 + H_2S + 低分子有机物$$

垃圾降解后生成的有机物以及可溶性污染物大量渗沥出来从而形成渗沥液。

垃圾降解产生的 $CO_2$ 溶于垃圾渗沥液中使其偏酸性。在这种酸性环境下，垃圾中不溶于水的碳酸盐、金属及其金属氧化物等无机物发生溶解，继而使垃圾焚烧发电厂渗沥液中含有种类繁多且含量超标的重金属类物质。

### 二、垃圾焚烧发电厂渗沥液的特点

#### 1. 属高浓度有机废水、成分复杂

垃圾焚烧发电厂收集的主要是城镇居民生活垃圾，经过几天发酵腐熟提高热值后沥出渗沥液，即俗称"渗沥液"。相对于垃圾填埋场而言，焚烧厂的渗沥液属新鲜的原生渗沥液，未经厌氧发酵、水解、酸化过程，污染物浓度高、成分复杂，内含如苯、萘、菲等杂环芳烃化合物、多环芳烃、酚、醇类化合物、苯胺类化合物等难降解化合物，呈黄褐色或灰褐色。

垃圾焚烧发电厂渗沥液的有机物污染物浓度很高。一般情况下，$COD_{Cr}$ 在 30 000～70 000mg/L，$BOD_5$ 在 20 000～45 000mg/L。一般而言，垃圾渗沥液中 $COD_{Cr}$、$BOD_5$ 的浓度、$BOD_5/COD_{Cr}$ 比随垃圾存放的"年龄"增长而降低。

除此之外，渗沥液的污染成分还包括无机离子和营养物质。其中主要是氨氮、各种溶解态的阳离子、重金属等。

#### 2. 水质、水量变化大

垃圾焚烧发电厂渗沥液产生量及成分受诸多因素影响，具有很大的不确定性。由于季节、运输条件、运行管理等因素的影响，垃圾焚烧发电厂渗沥液的水量变化很大。一般情况下，冬季干旱季节水量较少，污染物浓度高；夏季多雨季节水量较多，污染物浓度较低。

#### 3. 营养比例失调

垃圾焚烧发电厂渗沥液属原生渗沥液，$BOD_5/COD_{Cr}$ 超过 0.4，一般情况下可生化性较好，属较易生物降解的高浓度有机废水。对于处理系统而言，垃圾焚烧发电厂渗沥液中营养物比例失调，主要体现在相对 COD、BOD 指标而言，磷含量偏低，氨氮含量偏高。

### 三、垃圾渗沥液收集

由于垃圾含水量较高，垃圾储坑内的垃圾在存放期间会产生渗沥液。影响垃圾储坑内的渗沥液产生量的主要因素有进厂垃圾特性、垃圾运输过程和在垃圾储坑内储存天数等，其中高含水量的厨余类垃圾是影响渗沥液产生量及特性的主要原因。季节气候对垃圾成分、水分的影响也很显著。我国目前垃圾运输系统主要有两种：一种是通过垃圾楼收集，由集装箱式垃圾车运送的系统，此时垃圾渗沥液基本上都含在垃圾内一并进入垃圾储坑；另一种是通过垃圾中转站，由压缩式垃圾车运送系统，此时有部分渗沥液在中转站分离出去，部分仍然存留在垃圾车自带渗沥液箱及垃圾车箱体尾部空间内，随垃圾一起卸到垃圾储坑内。按这种方式，很容易造成运输过程中的渗沥液沿途遗洒，最好是在中转站将渗沥液分离出去。

根据国内垃圾焚烧发电厂的运行经验，垃圾储坑内的渗沥液产生量一般不大于垃圾量的20%，当垃圾含水量在50%左右时，垃圾储坑内渗沥液量通常不大于垃圾量的10%。如压缩式垃圾车将挤压出的渗沥液一并卸入垃圾储坑内，总的渗沥液量会超过20%。

为将渗沥液收集起来，目前通常的做法是将垃圾储坑底部设计成向卸料间方向倾斜，在池壁底部设计若干孔洞并装设过滤网。在池外侧设一条渗沥液沟，渗沥液通过过滤网从渗沥液沟自流到渗沥液收集池，渗沥液收集设施如图 4-8 所示，收集后的渗沥液再由潜污泵加

压，经过滤器送入缓冲池。过滤后的渗沥液通过渗沥液泵喷入炉膛，并根据燃烧室中温度调整渗沥液的回喷量，多余渗沥液经预处理后排入指定地点进行深度处理。

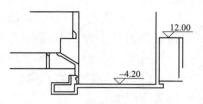

图 4-8　渗沥液收集
设施示意（单位：mm）

**四、垃圾储坑内渗沥液积存**

1. 渗沥液积存的原因

垃圾储坑设计为矩形，卸料门侧下部设有排水口，池底下部设有一排溢流口，排水口篦子均采用较大间隙竖直钢筋形式。但随着生产中垃圾的增加，底部第一排排水口和排水通道已被垃圾和泥沙堵死，失去了排水功能，垃圾储坑内的最低水位基本就是第一排排水篦子的上沿。

垃圾储坑内的渗沥液主要积存在池壁 1~2m 附近区域，特别是 1m 以内的区域，堆放垃圾区域的中心区域渗沥液不多，中心区域的垃圾发酵较好，焚烧工况相对稳定。其原因是随着垃圾堆放高度的增加，中心区域的中、下部的垃圾不断受到上方新垃圾的重力挤压，以致中下部垃圾密实度越来越高，垃圾发酵过程中的水分被挤向四周，靠近卸料门侧由于留有排水口和卸料区域，该部分水可以通过排水篦子和通道及时排出，但其他三面由于池壁和中心区域密实垃圾的阻挡，迫使大量渗沥液被积存于池壁 1~2m 附近。

2. 渗沥液积存危害

（1）当垃圾储坑壁附近垃圾堆放较多垃圾时，池壁区域的渗沥液和垃圾会对垃圾储坑壁产生强大的水平压力，将造成垃圾储坑壁变形、开裂，导致渗沥液泄漏、臭味溢出，甚至损害建筑物结构，垃圾储坑壁外侧可能会有较多渗沥液通过池壁孔洞和孔隙流出。

（2）当抓取远离池壁 1m 以外的垃圾投料时，通常可抓取到距池底 3~4m 的深度，才会有部分渗沥液溢出；若再抓取靠近池壁 1m 附近位置的垃圾，有时会出现大量渗沥液从池壁附近涌出，持续时间较长，水量大，水头猛，水头将垃圾和泥沙直接冲向排水口和排水通道，瞬间即可堵塞排水口，经常导致水位迅速涨到第二排排水口上方，甚至更高。"洪水"释放后，通常会在池壁与垃圾之间产生一道较宽的缝隙或空洞，这部分空间实际就是原渗沥液的积存空间。

（3）垃圾渗沥液不能及时排出，垃圾堆放到一定高度时，会发生突然垮塌滑坡现象，数十立方米的垃圾滑向排水口，瞬间将排水口堵塞。

# 第五章　垃圾焚烧系统

## 第一节　垃圾焚烧基本概念及过程

### 一、燃烧基本概念

#### 1. 燃烧程度

燃烧程度即燃烧的完全程度。燃烧有完全燃烧与不完全燃烧之分。燃料中的可燃成分在燃烧后全部生成不能再进行氧化的燃烧产物，如 $CO_2$、$SO_2$、$H_2O$ 等，这称为完全燃烧。燃料中的可燃成分在燃烧过程中，有一部分没有参与燃烧，或虽已进行燃烧，但生成的燃烧产物（烟气）中，还存在可燃气体，如 $CO$、$H_2$、$CH_4$等，这种情况称为不完全燃烧。为了减少不完全燃烧热损失，提高锅炉热效率，应尽量使燃料燃烧达到完全燃烧。

#### 2. 燃烧速度

所谓燃烧，是指燃料中的可燃元素和空气中的氧进行的强烈化学反应，放出大量热量的过程。在这个化学反应过程中，燃料与氧化剂属于同一形态，称为均相燃烧或单相燃烧，例如气体燃料在空气中的燃烧。燃料与氧化剂不属于同一形态，称为多相燃烧，例如固体燃料在空气中的燃烧及油在空气中的燃烧。

对于均相燃烧，燃烧速度是指单位时间内参与燃烧反应物质的浓度变化率；对于多相燃烧，燃烧速度是指单位时间内参与燃烧反应的氧浓度变化率。燃烧速度的快慢取决于燃烧过程中化学反应时间的快慢（即化学反应速度）和氧化剂供给燃料时间的快慢（即物理扩散速度），最终取决于两者之中较慢者。

化学反应速度取决于参加反应的原始反应物的性质，同时还受反应进行时所处条件的影响，其中主要是浓度、压力和温度。

化学反应是在一定条件下，不同反应物的分子彼此碰撞而产生的，碰撞的次数越多，反应速度就快。分子碰撞的次数取决于单位体积中反应物质的分子数，即分子浓度。在温度和体积不变条件下，反应物压力越高，则反应物浓度越大，因此化学反应速度越快。

在实际燃烧设备中，燃烧过程是在燃料和空气按一定比例连续供应的情况下进行，因此可以认为反应物质的浓度不变。当反应物浓度不变时，化学反应速度与温度成指数关系，随着温度升高，化学反应速度迅速加快。这个现象可解释为并不是所有碰撞的分子都能引起化学反应，只有其中具有较高能量的活化分子的碰撞才能发生反应。使分子活化所需最低能量称为活化能，用 $E$ 表示，能量达到或超过活化能 $E$ 的分子称为活化分子，活化分子的碰撞才是发生反应的有效碰撞，反应只能在活化分子之间进行。温度升高，分子从外界吸收了能量，活化分子急剧增多，化学反应速度因此加快。

气体扩散过程的快慢用氧的扩散速度表示。碳的燃烧是在碳粒表面进行，碳粒直径越小，表面积就越小，若碳粒表面的氧浓度不变，则单位面积的氧浓度越大。从宏观来看，碳粒越小，单位质量碳粒的表面积就越大，与氧的反应面积增大，这都说明碳粒在气流中扩散能力加强，氧的扩散速度增大。因此，增大气流相对速度或减小碳粒直径都会加强碳粒燃烧的扩散过程。

3. 燃烧速度与燃烧区域

在锅炉技术上，燃烧过程按其燃烧速度受限的因素不同，分为动力燃烧控制区、扩散燃烧控制区和过渡燃烧控制区。

（1）动力燃烧控制区。当温度较低时，化学反应速度较慢，氧的供应速度远远大于化学反应的耗氧速度，燃烧速度主要取决于化学反应速度，而与扩散速度关系不大，这种燃烧工况称为处于动力燃烧控制区。随着温度升高，燃烧速度将急剧增加。因此提高温度是强化动力燃烧工况的有效措施。

（2）扩散燃烧控制区。当温度很高时，化学反应速度很快，耗氧速度远远超过氧的供应速度，燃烧速度主要决定于氧的扩散条件，与温度关系不大，这种燃烧工况称为处于扩散燃烧控制区。加大气流与燃料的相对速度或减小燃料粒度都可提高燃烧速度。

（3）过渡燃烧控制区。介于上述两种燃烧工况的中间温度区，氧的扩散速度与燃料表面的化学反应速度较为接近，燃烧速度同时受化学反应条件与扩散混合条件的影响，这种燃烧工况称为处于过渡燃烧控制区。要强化燃烧，既要提高温度，又要加强燃料与氧的混合条件。

4. 迅速而又完全燃烧的条件

良好燃烧要求燃烧过程既快又完全的进行。能否实现又快又完全的良好燃烧，除了取决于燃料的化学反应能力和颗粒大小外，主要在于能否创造下列良好燃烧的条件。

（1）相当高的炉温。炉温越高，燃烧速度就越快，有利于可燃物在炉内燃烧完全。但过高的炉温会引起炉膛结渣，从而影响安全经济运行。

（2）合适的空气量。炉内空气量太少，燃烧不完全。适当增加空气量，燃烧速度加快，不完全燃烧损失减小，但空气量太多，炉温下降，燃烧速度反而降低，未完全燃烧损失及排烟的热损失相应增大。因此，合适的空气量应根据最佳炉膛过量空气系数来供应。

（3）燃料与空气良好的混合。供应炉内的空气量足够，若空气中的氧不能及时补充到燃料表面，并保证每个氧分子与可燃物分子接触，则仍不能实现完全燃烧。因此，一般常采用提高气流相对速度或减小直径，增强气流的紊流扩散来达到良好强烈的混合。

（4）足够的炉内停留时间。每种燃料在一定条件下完全燃烧都需要一定的时间。对一定的燃烧设备，燃料在炉内停留时间也是一定的。只有燃料在炉内停留时间大于燃料完全燃烧所需时间，才能保证燃料在炉内燃烧完全。

5. 着火和熄火

着火是燃料与氧化剂由缓慢放热反应发展到由量变到质变的临界现象。从无反应向稳定的强烈放热反应状态的过渡过程，即为着火过程；相反，从强烈的放热反应向无反应状况的过渡过程，就是熄火过程。

影响着火与熄火的因素很多，例如燃料性质、燃料与氧化剂的成分、过量空气系数、环境压力与温度、气流速度、燃烧室尺寸等。

6. 着火条件与着火温度

如果在一定的初始条件（闭口系统）或边界条件（闭口系统）之下，由于化学反应的剧烈加速，使反应系统在某个瞬间或空间的某部分达到高温反应态（即燃烧态），实现这个过渡的初始条件或边界条件称为"着火条件"。

容器内单位体积内混合气体在单位时间内反应放出的热量，称为放热速度 $\dfrac{dQ_1}{dT}$；单位时间内按单位体积平均的混合气向外界环境散发的热量，称为散热速度 $\dfrac{dQ_2}{dT}$。着火的本质温度取决于放热速度与散热速度的相互作用及其随温度增长的程度，放热速率与温度成指数曲线关系，而散热速率与温度呈线性关系。

要使燃料稳定着火，必须满足以下两个条件：

（1）放热量和散热量达到平衡，放热量等于散热量。

$$Q_1 = Q_2 \tag{5-1}$$

（2）放热速度大于散热速度

$$\frac{dQ_1}{dT} \geqslant \frac{dQ_2}{dT} \tag{5-2}$$

如果不具备这两个条件，即使在高温状态下也不能稳定着火，燃烧过程将因火焰熄灭而中断，并不断向缓慢氧化的过程发展。

**二、垃圾在焚烧炉内焚烧过程**

1. 垃圾燃烧要素

燃烧过程伴随着化学反应、流动、传热和传质等化学过程及物理过程，这些过程是相互影响，相互制约的，因此，燃烧过程是一个极为复杂的综合过程。从垃圾焚烧角度看燃烧的三要素为可燃物、助燃物和点火源。垃圾中的大部分有机物都是可燃物，包括可燃固体和可燃气体（指挥发分）；助燃物主要指垃圾焚烧过程需要的一、二次助燃空气；焚烧炉启动时多采用燃油或者燃气辅助燃烧，一般采用明火、电火花作为点火源。

2. 垃圾焚烧过程

垃圾的燃烧过程比较复杂，通常由热分解、熔融、蒸发和化学反应等传热、传质过程所组成。一般根据不同可燃物质的种类，有三种不同的燃烧方式：①蒸发燃烧。垃圾受热熔化成液体，继而化成蒸汽，与空气扩散混合而燃烧，蜡的燃烧属这一类；②分解燃烧。垃圾受热后首先分解，轻的碳氢化合物挥发，留下固定碳及惰性物，挥发分与空气扩散混合而燃烧，固定碳的表面与空气接触进行表面燃烧，木材和纸的燃烧属这一类；③表面燃烧。如木炭、焦炭等固体受热后不发生熔化、蒸发和分解等过程，而是在固体表面与空气反应进行燃烧。

生活垃圾中含有多种有机成分，其燃烧过程是蒸发燃烧、分解燃烧和表面燃烧的综合过程，同时，生活垃圾的含水率高于其他固体燃料。为了更好地认识生活垃圾的焚烧过程，我们在这里将其依次分为干燥、热分解和燃烧三个过程。然而，在垃圾的实际焚烧过程中，这三个阶段没有明显的界线，只不过在总体上有时间上的先后差别而已。

（1）垃圾干燥。生活垃圾的干燥是利用热能使水分汽化，并排出生成的水蒸气的过程。按热量传递的方式，可将干燥分为传导干燥、对流干燥和辐射干燥三种方式。生活垃圾的含水率较高，在送入焚烧炉前其含水率一般为 20%～40% 甚至更高，因此，干燥过程中需要消耗较多的热能。生活垃圾的含水率越大，干燥阶段也就越长，从而使炉内温度降低，影响焚烧阶段，最后影响垃圾的整个焚烧过程。如果生活垃圾的水分过高，会导致炉温降低太大，着火燃烧就困难，此时需添加辅助燃料，以提高炉温，改善干燥着火条件。

垃圾进入焚烧炉后，在来自炉排下的助燃空气、炉壁的热辐射和前段垃圾燃烧火焰面的热辐射联合作用下，使垃圾中的水分蒸发，实现垃圾的干燥。当炉排表面的垃圾温度达到了垃圾的着火温度后，垃圾将被点燃，着火锋面的热量和料层上方燃气燃烧的辐射热通过垃圾表层逐层向下传递。当温度接近 100℃时，料层中间的垃圾中的水分开始蒸发。一般来说，当物料中的水分开始蒸发时，着火锋面能量传递速率和物料干燥过程的能量传导速率会共同地制约这个过程，从高温区域传递到低温区域的热量都被用来作为水分蒸发所需的热量，在此阶段，料层温度将会稳定在 100℃左右，当物料中的水分完全蒸发以后，再继续进行到下一阶段反应。

（2）垃圾热分解。生活垃圾的热分解是垃圾中多种有机可燃物在高温作用下的分解或聚合化学反应过程，反应的产物包括各种烃类、固定碳及不完全燃烧物等。生活垃圾中的可燃固体物质通常由 C、H、O、Cl、N、S 等元素组成。这些物质的热分解过程包括多种反应，这些反应可能是吸热的，也可能是放热的。

在垃圾完成干燥阶段后，所含的所有水分已经完全蒸发，其温度继续增加，当干燥的垃圾温度上升到 300℃左右时开始热解。此时，上方料层所传递下来的热量被用来提供热解所需要的热量。垃圾组分不同，各组分的着火温度不同。

（3）垃圾燃烧。生活垃圾的燃烧是在氧气存在条件下有机物质的快速、高温氧化。生活垃圾的实际焚烧过程是十分复杂的，经过干燥和热分解后，产生许多不同种类的气、固态可燃物，这些物质与空气混合，达到着火所需的必要条件时就会形成火焰而燃烧。因此，生活垃圾的燃烧是气相燃烧和非均相燃烧的混合过程，它比气态燃料和液态燃料的燃烧过程更复杂。从颗粒表面出现的挥发性产物必须首先与周围环境空气产生混合，气体燃烧发生空间可以看成是炉床宽度与床上颗粒直径相当的区域。显然，挥发分碳氢化合物的燃烧不仅与温度有关，而且受到燃料气体与火焰下部空气的混合量的影响。碳作为挥发分从颗粒挥发后的剩余物，碳气化后的初始产品是 CO 和 $CO_2$。

生活垃圾的燃烧分为完全燃烧和不完全燃烧。最终产物为 $CO_2$ 和 $H_2O$ 的燃烧过程为完全燃烧；当反应产物为 CO 或其他可燃有机物（由氧气不足时，温度较低等引起）则称之为不完全燃烧。燃烧过程中要尽量避免不完全燃烧现象，尽可能使垃圾燃烧完全。为了实现完全燃烧，就需要有过量的空气，用过量空气系数 $\alpha$ 表述为

$$\alpha = \frac{21.3}{21.3 - O_2 - \dfrac{CO}{2}} \approx \frac{21}{21 - O_2} \tag{5-3}$$

传统的燃烧是实现稳定运转、完全燃烧和控制环境污染，在炉排型垃圾焚烧炉的垃圾焚烧过程中，烟气含氧量通常控制在 6%～10%，最大到 12%，即过量空气系数为 1.4～1.9，最大到 2.3。针对我国低热值垃圾，对传统的焚烧炉，烟气含氧量一般取 8%～11%；对于低氧燃烧的焚烧炉，烟气含氧量一般取 5%～6%。烟气含氧量与过量空气系数的对应关系见表 5-1。

表 5-1                          烟气含氧量与过量空气系数的对应关系

| $O_2$ | 5 | 6 | 7 | 8 | 9 | 10 | 11 | 12 | 13 |
|---|---|---|---|---|---|---|---|---|---|
| $\alpha$ | 1.312 | 1.4 | 1.5 | 1.615 | 1.75 | 1.909 | 2.1 | 2.333 | 2.625 |

**注** 过量空气系数是指余热锅炉出口处的燃烧过量空气系数。

3. 垃圾焚烧效果判断

在实际的燃烧过程中，由于操作条件不能达到理想效果，致使垃圾燃烧不完全。不完全燃烧的程度反映焚烧效果的好坏，评价焚烧效果的方法有多种，有时需要两种甚至两种以上的方法才能对焚烧效果进行全面的评价。评价焚烧效果的方法一般有目测法、热灼减量法及一氧化碳法等。

（1）目测法。目测法是通过肉眼观察垃圾焚烧产生的烟气的"黑度"来判断焚烧效果，烟气越黑，焚烧效果越差。

（2）热灼减量法。热灼减量法是根据焚烧炉渣中有机可燃物质的量（即未燃尽的固定碳）来评价焚烧效果的方法。它是指生活垃圾焚烧炉渣中的可燃物在高温、空气过量的条件下被充分氧化后，单位质量焚烧炉渣的减少量。热灼减量越大，燃烧反应越不完全，燃烧效果越差；反之，焚烧效果越好。

（3）一氧化碳法。一氧化碳是生活垃圾焚烧烟气中所含不完全燃烧产物之一，常用烟气中一氧化碳的含量来表示焚烧效果的好坏。烟气中一氧化碳含量越高，垃圾的焚烧效果越差；反之，焚烧反应进行得越彻底，焚烧效果越好。

垃圾焚烧的烟气温度必须在850℃以上，且滞留时间超过2s，这样才能保证垃圾焚烧过程中使有机物得到彻底的解决，减少有害气体的产生（特别是二噁英），从而减少后道工序的处理负荷和对周围环境的污染，另外，炉膛中未燃尽成分不得大于3%，炉膛内保持负压，一般控制在−50~−30Pa。

**三、影响焚烧的主要因素**

在理想状态下，生活垃圾进入焚烧炉后，依次经过干燥、热解和燃烧三个阶段，其中的有机可燃物在高温条件下完全燃烧，生成二氧化碳气体，并释放热量。但是，在实际的燃烧过程中由于焚烧炉内的操作条件不能达到理想效果，致使燃烧不完全，严重的情况下将会产生大量的黑烟，并且从焚烧炉排出的炉渣中还含有有机可燃物。生活垃圾焚烧的影响因素包括：生活垃圾的性质、停留时间、温度、炉膛内烟气流动的湍流度、空气过量系数及其他因素。其中停留时间、温度及湍流度称为"3T"要素，是反映焚烧炉性能的主要指标。

1. 生活垃圾的性质

生活垃圾的热值、组成成分和垃圾的几何尺寸是影响生活垃圾焚烧的主要因素。热值越高，燃烧过程越易进行，焚烧效果也就越好。生活垃圾的几何尺寸越小，单位质量（或体积）生活垃圾的比表面积越大，生活垃圾与周围氧气的接触面积也就越大，焚烧过程中的传热及传质效果越好，燃烧越完全；反之，传质及传热效果较差，易发生不完全燃烧。因此，在生活垃圾被送入焚烧炉之前，对其进行破碎预处理，可增加其比表面积，改善焚烧效果。

2. 停留时间

停留时间有两方面的含义：其一是生活垃圾在焚烧炉内的停留时间，它是指生活垃圾从进炉开始到焚烧结束炉渣从炉中排出所需的时间；其二是生活垃圾焚烧烟气在炉中的停留时间，它是指生活垃圾焚烧产生的烟气从生活垃圾层逸出到排出焚烧炉所需的时间。实际操作过程中，生活垃圾在炉中的停留时间必须大于理论上干燥、热分解及燃烧所需的总时间。同时，焚烧烟气在炉中的停留时间应保证烟气中气态可燃物达到完全燃烧。当其他条件保持不变时，停留时间越长，焚烧效果越好，但停留时间过长会使焚烧炉的处理量减少，经济上不合理；停留时间过短会引起过度的不完全燃烧。因此，停留时间的长短应由具体情况来定。

3. 温度

由于焚烧炉的体积较大，炉内的温度分布是不均匀的，即不同部位的温度不同。这里所说的焚烧温度是指生活垃圾焚烧所能达到的最高温度，该值越大，焚烧效果就越好。一般来说，位于生活垃圾层上方并靠近燃烧火焰的区域内的温度最高，可达 800～1000℃。生活垃圾的热值越高，可达到的焚烧温度越高，越有利于生活垃圾的焚烧。同时，温度与停留时间是一对相关因子，在较高的焚烧温度下适当缩短停留时间，也可维持较好的焚烧效果。

4. 湍流度

湍流度是表征生活垃圾和空气混合程度的指标。湍流度越大，生活垃圾与空气的混合程度越好，有机可燃物能及时充分获取燃烧所需的氧气，燃烧反应越完全。湍流度受多种因素影响。当焚烧炉体积一定时，加大空气供给量，可提高湍流度，改善传质与传热效果，有利于焚烧。

5. 过量空气系数

过量空气系数对垃圾燃烧状况影响很大，供给适当的过量空气是有机物完全燃烧的必要条件。增大过量空气系数，不但可以提供过量的氧气，而且可以增加炉内的湍流度，有利于焚烧。但过大的过量空气系数可能使炉内的温度降低，给焚烧带来副作用，而且还会增加输送空气及预热所需的能量。实际空气量过低将使垃圾燃烧不完全，未燃尽尾气增加，同时热量扩散减慢，炉内温度上升，垃圾在炉内结焦，损伤炉壁耐火材料，引起尾气温度上升，产生更多的二噁英。

6. 其他因素

影响生活垃圾焚烧的其他因素包括生活垃圾在炉中的运动方式及生活垃圾料层的厚度等。对炉中的生活垃圾进行翻转、搅拌，可以使生活垃圾与空气充分混合，改善燃烧条件。炉床上生活垃圾层的厚度必须适当，厚度太大在同等条件下可能导致不完全燃烧，厚度太小又会减少焚烧炉的处理量。

综上所述，在生活垃圾的焚烧过程中，应在可能的条件下合理控制各种影响因素，使其综合效应向着有利于生活垃圾完全燃烧的方向发展。但同时应该认识到，这些影响因素不是孤立的，它们之间存在着相互依赖、相互制约的关系，某种因素产生的正效应可能会导致另一种因素的负效应，应从综合效应来考虑整个燃烧过程的因素控制。

## 第二节　焚烧炉分类及特点

垃圾焚烧炉是垃圾焚烧发电厂的核心，根据垃圾焚烧发电的工艺要求，实现垃圾焚烧工艺的焚烧设备比较多，根据焚烧过程中垃圾在炉床内的流动形态，可分为固定炉排炉、机械炉排炉、流化床炉、回转窑炉等。下面对各种炉型及其工艺进行介绍。

1. 固定炉排炉

炉内设有固定的炉排，垃圾在没有搅拌的情况下完成燃烧。除了水平式固定炉排炉外，还有倾斜式固定炉排炉以及圆弧曲面式固定炉排炉。固定炉排炉造价低廉，但因对垃圾无搅拌作用等，故燃烧效果较差，易熔融结块，因而焚烧炉渣的热灼减率较高。在早期有使用固定炉排炉来焚烧生活垃圾的实例，但近期应用很少。

2. 机械焚烧炉排炉

机械炉排炉的发展历史最长，应用实例也最多。机械炉排炉燃烧的概念如图 5-1 所示。机械炉排炉可大体分为三段：干燥段、燃烧段、燃尽段。各段的供应空气量和运行速度可以调节。

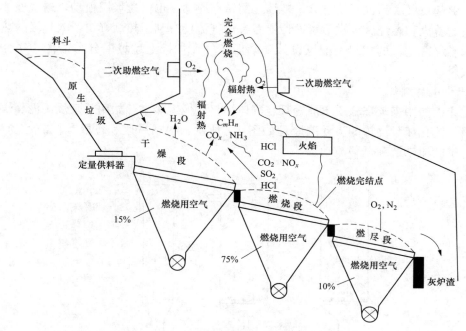

图 5-1　机械炉排炉燃烧概念

（1）干燥段。垃圾的干燥包括：炉内高温燃烧空气、炉侧壁以及炉顶的辐射热的干燥，从炉排下部提供的高温空气的通气干燥，垃圾表面和高温燃烧气体的接触干燥，以及垃圾中部分垃圾的燃烧干燥。

利用炉壁和火焰的辐射热，垃圾从表面开始干燥，部分产生表面燃烧。干燥垃圾的着火温度一般为 200℃左右。如果提供 200℃以上的燃烧空气，干燥的垃圾便会着火，燃烧便从部分开始。垃圾在干燥带上的滞留时间约为 30min。

（2）燃烧段。这是燃烧的中心部分，在干燥段垃圾干燥、热分解产生还原性气体，在本段产生旺盛的燃烧火焰，在后燃烧段进行静态燃烧（表面燃烧）。燃烧段和后燃烧段的界线称为"燃烧完成点"。即使是垃圾特性变化，但也应通过调节炉排速度而使燃烧完成点位置尽量不变，垃圾在燃烧段的滞留时间为 30～45min。总体燃烧空气的 60％～80％在此段供应，为了提高燃烧效果，均匀的供应垃圾，垃圾的搅拌混合和适当的空气分配（干燥段、燃烧段和燃尽段）等极为重要，空气通过炉排进入炉内，空气容易从通风阻力小的部分流入炉内，但空气流入过多部分会产生"烧穿"现象，易造成炉排的烧损并产生垃圾熔融结块。因此，设计炉排具有一定且均匀的风阻很重要。

（3）燃尽段。燃尽段将燃烧段送过来的固定碳及燃烧炉渣中未燃尽部分完全燃烧。垃圾在燃尽段上滞留 30～45min，保证燃尽段上充分的滞留时间，实现垃圾中可燃物的完全燃烧和炉渣的冷却，将炉渣的热灼减率降至 3％以下。

　　机械炉排炉为层状燃烧，该技术发展较为成熟，大部分国家都采用这种燃烧技术。为使垃圾燃烧过程稳定，层状燃烧关键是炉排。垃圾在炉排上依次通过三个区：预热干燥区、主燃区和燃尽区。垃圾在炉排上着火，热量不仅来自上方的辐射和烟气的对流，还来自垃圾层内部。在炉排上已着火的垃圾在炉排的特殊作用下，使垃圾层强烈地翻动和搅动，不断地推动下落，引起垃圾底部也开始着火，连续地翻转和搅动，也使垃圾层松动，透气性加强，有助于垃圾的着火和燃烧。炉拱形状设计要考虑烟气流场有利于热烟气对新入垃圾的热辐射预热干燥和燃尽区垃圾的燃尽。配风设计要确保空气在炉排上垃圾层分布最佳，并合理使用一、二次风。

　　3. 流化床焚烧炉

　　流化床以前用来焚烧轻质木屑等颗粒固体燃料，但近年来开始用于焚烧污泥、煤和城市生活垃圾。流化床焚烧炉的流动层原理如图 5-2 所示，根据风速和垃圾颗粒的运动可分为：固定层、沸腾流动层和循环流动层。

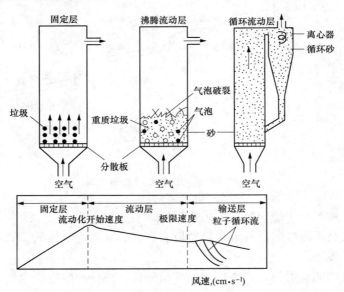

图 5-2　流化床焚烧炉的流动层原理

　　（1）固定层。气体速度较低，垃圾颗粒保持静态，气体从垃圾颗粒间通过（如炉排炉）。

　　（2）沸腾流动层。气体速度超过流动临界点的状态，颗粒中产生气泡，颗粒被搅拌产生沸腾状态。

　　（3）循环流动层。气体速度超过极限速度，气体和颗粒激烈碰撞混合，颗粒被气体带着飞散。垃圾和炉内的高温流动砂接触混合，短时间内实现气化并燃烧。未燃尽成分和轻质垃圾一起飞到上部燃烧区继续燃烧，不可燃物沉到炉底和流动砂一起被排出，然后将流动砂和不可燃物分离，流动砂回炉循环使用，流化床焚烧炉的结构如图 5-3 所示。

　　流化床燃烧技术已发展成熟，由于其热强度高，更适宜燃烧发热值低、含水分高的燃料。同时，由于其炉内蓄热量大，在燃烧垃圾时基本上可以不用助燃。为了保证入炉垃圾的充分流化，对入炉垃圾的尺寸要求较为严格，要求垃圾进行一系列筛选及粉碎等处理，使其尺寸、状况均一化。一般破碎到≤15cm，然后送入流化床内燃烧，床层物料为石英砂，布

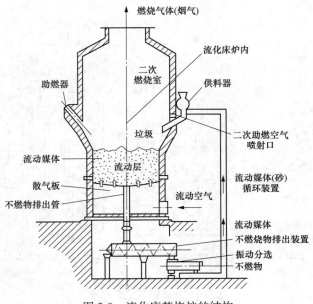

图 5-3　流化床焚烧炉的结构

风板通常设计成倒锥体结构，风帽为 L 形。床内燃烧温度控制在 800～900℃，冷态气流断面流速为 2m/s，热态为 3～4m/s。一次风经由风帽通过布风板送入流化层，二次风由流化层上部送入。采用燃油预热料层，当料层温度达到 600℃左右时投入垃圾焚烧。该炉启动、燃烧过程特性与普通流化床锅炉相似。

4. 回转窑焚烧炉

回转窑可处理的垃圾范围广，应用于焚烧工业垃圾领域的有害垃圾。在城市生活垃圾焚烧的应用最主要是为了达到提高炉渣的燃尽率，将垃圾完全燃尽以达到炉渣再利用时的质量要求。

回转窑焚烧炉是一个带耐火材料的水平圆筒，绕着其水平轴转动。从一端投入垃圾，当垃圾到达另一端时已被燃尽成炉渣。回转窑焚烧炉原理如图 5-4 所示。

回转窑焚烧炉燃烧设备主要是一个缓慢旋转的回转窑，其内壁可采用耐火砖砌筑，也可采用管式水冷壁，用以保护滚筒，回转窑直径为 4～6m，长度 10～20m，根据焚烧的垃圾量确定，倾斜放置。每台垃圾处理量可达到 300t/d（直径 4m，长 14m）。回转窑过去主要用于处理有毒有害的医院垃圾和化工废料。它是通过炉本体滚筒缓慢转动，利用内壁耐高温抄板将垃圾由筒体下部在筒体滚动时带到筒体上部，然后靠垃圾自重落下。由于垃圾在筒内翻滚，可与空气得到充分接触，进行较完全的燃烧。垃圾由滚筒一端送入，热烟气对其进行干燥，在达到着火温度后燃烧，随着筒体滚动，垃圾得到翻滚并下滑，一直到筒体出口排出灰渣。当垃圾含水量过大时，可在筒体尾部增加一级炉排，用来满足燃尽，滚筒中排出的烟气，通过一垂直的燃尽室（二次燃烧室）。燃尽室内送入二次风，烟气中的可燃成分在此得到充分燃烧。二次燃烧室温度普遍为 1000～1200℃。回转窑式垃圾燃烧装置费用低，厂用电耗与其他燃烧方式相比也较少，但对热值低于 5000kJ/kg 含水分高的垃圾燃烧有一定的难度。

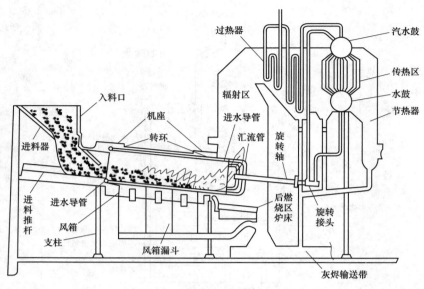

图 5-4　回转窑焚烧炉原理

## 第三节　机 械 炉 排 炉

机械炉排炉技术发展成熟，具有通用性及稳定性，运行管理方便，目前实际使用最为广泛。炉排技术主要有水平炉排、倾斜炉排等。

炉排炉适用于低位发热值 5000kJ/kg 以上的垃圾，对垃圾尺寸和形状几乎没有限制，焚烧后炉灰约占原重 10%。炉排炉单炉容量大，目前最大容量达到 1200t/d。我国大城市产生垃圾量大，污染物排放控制较严，可燃垃圾经过简单分拣后热值可达到 5000kJ/kg 以上，建设大型垃圾焚烧发电厂成为发展方向。垃圾焚烧发电厂具有一定规模也可以提高热回收率、提高发电效率、利于污染物排放管理、保证焚烧厂顺利运营。垃圾焚烧发电厂通常采用 2 条以上焚烧线，单台处理量 300~800t/d 的炉排炉焚烧炉。炉排炉通常设计不掺烧煤或其他辅助燃料。

### 一、垃圾焚烧炉对炉排的基本要求

现代垃圾焚烧锅炉需要充分满足完全燃烧、热能利用与环境保护等方面的要求，从长期运行经验总结出时间（Time）、温度（Temperature）、湍流度（Turbulence）和过量空气（Excess air）的"3T+E"基本原则。这也是选择垃圾焚烧锅炉的基本要点。

垃圾焚烧炉对炉排的基本要求如下：

（1）应有足够的炉排长度和面积，以满足设计垃圾处理量和保证垃圾有足够时间完成燃烧过程，并达到预定的炉渣热灼减率指标。

（2）在炉排的干燥点火段、燃烧段、燃尽段应有实现充分燃烧的良好结构形式，具有使垃圾充分干燥、疏松、搅动的功能，并有良好的火焰调节性能。

（3）具有对垃圾组分、含水率、热值等特性及垃圾季节性与瞬时波动的良好适应性。

（4）炉排安装方便、牢固，维护方便。

（5）空气冷却的炉排片要采用耐热冲击、耐腐蚀、耐磨损的材质，如铬、镍合金铸钢。

（6）对炉排热冲击较强的部位，如有落差时的干燥点火段末端，需要采取强制风冷或水冷措施。

（7）有适当的炉排通风率；通风孔有自清洁能力，达到在额定工况下运行 8000h 后，仍能达到不小于 90％通风面积。

（8）炉排片更换率低，互换性好，炉排片种类不宜过多，更换安装简便。

（9）炉排驱动装置的功能（如液压缸的行程、压力）必须满足炉排稳定运行的要求，且维修率低，性能可靠。

（10）应设置炉排漏灰收集系统。

**二、垃圾焚烧炉炉排种类**

按炉排的结构型式主要有往复炉排和滚筒式炉排。往复式炉排按其运动方式和结构形式分为顺推往复炉排、逆推往复炉排、组合往复炉排、水平往复炉排等。一般往复炉排由成排相间布置的运动炉排片组与固定炉排片组构成。运动炉排片组在推动垃圾向炉渣出口方向移动时，把部分新垃圾推到下一层已经燃烧的垃圾层上，增强垃圾与空气的接触，并使垃圾层疏松、透气性加强，强化燃烧。

机械炉炉排的种类繁多，目前国内垃圾焚烧发电厂主流的炉排焚烧技术主要有引进的往复式顺推炉排、逆推炉排和自主研发的机械液压顺推炉排。

1. 往复式顺推炉排

日本日立造船公司于 20 世纪 60 年代引进瑞士 VonRoll 技术并加以改进，属于典型的往复式顺推炉排。炉排片以列为单位纵向分布，固定炉排和活动炉排交错布置，炉排倾斜向下 15°，炉排纵向分为干燥段、燃烧段和燃尽段，三段之间设置了不同高度的落差。炉排由液压装置按炉膛温度、烟气成分的分析值自动调速，将垃圾从进口推向干燥段，垃圾经过三阶段的跌落和空气混合，实现了垃圾完全燃烧，炉排组装如图 5-5 所示。炉排的主要部件包括：干燥炉排、燃烧炉排、燃尽炉排、剪切刀、液压系统、炉排冷却装置、润滑装置等，炉排结构示意如图 5-6 所示。

VonRoll 往复式顺推炉排结构

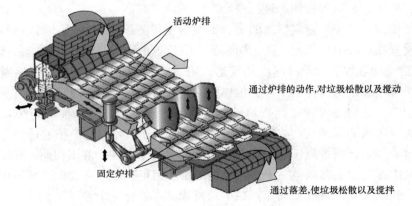

活动炉排

通过炉排的动作,对垃圾松散以及搅动

固定炉排

通过落差,使垃圾松散以及搅拌

图 5-5　炉排组装

各炉排拥有活动梁和固定梁，通过活动梁的动作，炉排反复进行前进后退动作。由此垃圾边燃烧边被炉排运送。各炉排的运动由液压系统驱动，各炉排由 2 列构成，每列通过 2 个油缸，按 ACC（自动燃烧控制系统）控制的间隔定速驱动。

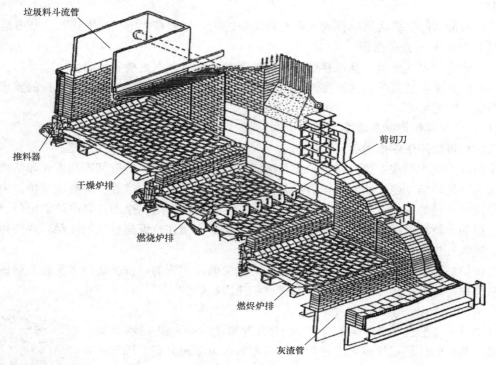

图 5-6 炉排结构示意

炉排系统各设备及系统的作用及流程如下：

（1）干燥炉排、燃烧炉排以及燃尽炉排。各炉排的作用不同，但驱动原理完全是一样的，各炉排可以遥控和就地运行。遥控运行时，在自动模式下，各炉排按重复前进、后退动作；在手动模式下，仅做 1 个循环的动作。在就地运行时（通过操作燃烧装置控制盘），可以按下前进、停止、后退各按钮，进行微动。

为了方便维修，在各炉排阀门组的进和出配管上设置手动停止阀；为了调节油缸速度，速度控制器设置在进和出配管上。为了切换前进、后退的动作，使用 3 位电磁阀。各炉排由 ACC 的间歇定时功能控制，炉排速度为定速。定时的循环时间由自动燃烧装置决定。各炉排有几个停滞警报被定时器检出，该警报作为共同报警，发往 DCS。

（2）剪切刀。剪切刀设置在燃烧炉排处，用来破碎块状垃圾和搅动垃圾，使垃圾层均匀，防止形成一次风的漏风孔，剪切效果如图 5-7 所示。一列燃烧炉排的剪切刀用一个液压缸驱动，一台焚烧炉有两个液压缸。剪切刀的液压回路与炉排的液压相同，按定速进行前进和后退。油量由速度控制器调整。一条焚烧线的剪切刀可以遥控和就地现场操作，遥控启动时，在自动模式下反复进行往复动作；在手动模式下，进行一个循环。

（3）炉排冷却装置。炉排被通过设置在炉排下面的渣斗的一次风冷却，同时为了提高炉排片的冷却效果，炉排片上有散热片。一次风从活动炉排和固定炉排之间以及设置在炉排片上的通风孔均匀地吹出，因此炉排很少烧损。

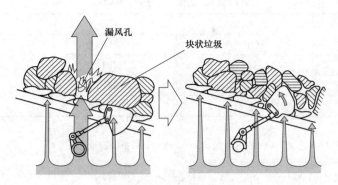

图 5-7　剪切刀剪切效果

一次风通过从一次风风道分支出来的冷却空气配管和支撑炉排的双重梁，向设置在各炉排最上游的遮蔽板提供冷却空气。炉排表面温度探测器设置在燃烧炉排上，它的状态一直被DCS 监视。如果有 H 警报发给 DCS 的话，应调节一次风风量或手动调节温度。

（4）驱动设备的润滑装置。本系统是用手动泵的方式向炉排系统的轴承部位提供润滑的装置。通过操作手柄，向润滑油配管中注入润滑油，经分流阀向需要的地方同时提供润滑油。

2. 逆推式炉排

SITY2000 逆推式机械炉炉排包括炉排框架、动静炉排片、驱动系统，炉排分为干燥段、燃烧段、燃尽及冷却段。炉排运动方向与垃圾运动方向相反，炉排采用一套独立的液压系统作为炉排运动的动力，整个炉排由左至右分成四列，中间由三组宽度为 200mm 的铸件框架完全分开，每列炉排由 10个活动级炉排和 10 个固定级炉排组成，每级炉排由 16 块单独的炉排片通过高强度螺栓连接组成，SITY2000 逆推式炉排技术参数见表 5-2，在运行中

SITY2000 逆推式
炉排结构

实行同步运动，总行程为 420mm，SITY2000 逆推式炉排运动方式如图 5-8 所示。炉排片采用异形结构，其顶部角锥部分设一个风孔，为垃圾焚烧提供氧气的一次风由这里进入炉膛。整个炉排由下至上采用 24°前倾式设计，每列炉排分成上下两组，上炉排由独立的一支液压缸驱动，下部与两个灰斗固定连接，分别为垃圾燃烧提供干燥与燃烧功能；下炉排也由一支独立的液压缸驱动，下部与两个灰斗固定连接，分别为垃圾提供燃尽和灰渣输送功能。在每列下炉排尾端分别设计了一组弧形滑渣板，在弧形滑渣板底部加装一组水平可调节料层调节挡板，此挡板左右侧各由一支液压缸驱动，料层调节挡板的角度直接决定尾部灰渣的高度和料层的运行速度，垃圾焚烧后的灰渣通过料层调节挡板后就直接进入底部的排渣机。在炉排前端是给料器，给料器高于炉排 1.2m，SITY2000 炉型由 8 个给料小车组成 4 组，每个给料小车之间由一列宽为 200mm 的铸件框架分开，给料小车的作用主要是将溜槽内的垃圾输送至炉排表面，同时完成垃圾的部分滤水功能，滤出的水由给料小车下部的渗沥水管输送至渗沥液池。每两个给料小车组成一组，实现一列炉排的推料功能，在运行中进行同步运行，总行程为 1500mm。在 DCS 程序中，可根据余热锅炉的蒸发量、炉膛温度、烟气含氧量等参数来调节给料器运行速度，循环步数及循环长度等，从而实现推料与燃烧的自动控制功能。

表 5-2　　　　　　　　　　　　　　　　SITY2000 逆推式炉排技术参数

| 项目 | 参数 | 项目 | 参数 |
|---|---|---|---|
| 炉排驱动方式 | 液压驱动 | 水平倾角 | 24° |
| 炉排列数 | 4 列 | 炉排行数 | 20 行 |
| 炉排尺寸 | 9.162×12.6m | 炉排面积 | 115.44m² |
| 炉排机械负荷 | 216.6kg/(m²·h) | 推动方式 | 逆推式 |

注

(1) 4 列炉排，列宽 3000mm，列间由三组宽度为 200mm 的铸件框架完全分开。

(2) 每列炉排由 10 行活动级和 10 列固定级组成。

(3) 上炉排为燃料烘干区和燃烧区，由 6 级活动炉排和 6 级固定炉排组成。

(4) 下炉排为燃尽区，由 4 行活动炉排和 4 行固定炉排组成。

(5) 下炉排末端为料层调节挡板，可通过此挡板调节燃料厚度及燃料的运动速度。

(6) 每一列炉排上一级设有 44 个风孔，是燃料燃烧主要的氧气来源。

(7) 由于燃料特性及所需停留时间不同，各炉排长度不相同。

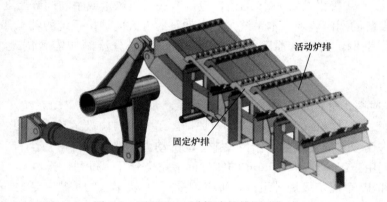

图 5-8　SITY2000 逆推式炉排运动方式

在焚烧炉左右侧分别是由 SiC 耐火砖与轻质保温砖组成的重型炉墙，在墙体中间特别设计了一列宽为 60mm 的冷却风槽，通过冷却风机供风来对墙体进行有效的冷却；每一侧墙体分成 6 列，为防止炉墙出现热膨胀损坏，在每列墙之间留有 10mm 宽的膨胀缝。焚烧炉前后分别设计前后拱，前拱设计宽阔平坦主要是吸收燃烧段热量并反射至干燥段，加速垃圾的干燥速度，在前拱上部装有 21 根高位二次风管，下部装有 12 根低位二次风管，用以提供焚烧炉燃烧用的空气；后拱设计倾斜狭长，主要是吸收尾部灰渣热量并反射至炉内，减少大量的热损失，提高焚烧炉热效率。在后拱上部装有 16 根高位二次风管，下部装有 19 根低位二次风管，二次风的主要作用是用以向炉内垃圾在干燥与干馏过程中产生的可燃挥发分燃烧提供所用空气，同时加强炉内烟气的扰动，促使炉内烟气动力场和温度场分布均匀，避免炉内产生较大的热偏差。焚烧炉布置简图如图 5-9 所示。

3. 光大环保自主研发的机械液压顺推炉排

光大环保技术装备（常州）有限公司自主研发的焚烧炉排由固定炉排、滑动炉排和翻动炉排三种炉排组成，炉排与水平倾角为 21°，独特的翻动炉排设计使炉排不仅具有通常的往复运动功能，而且还具有翻动功能，加强了对垃圾的搅拌、松动、通风作用，对低热值、高

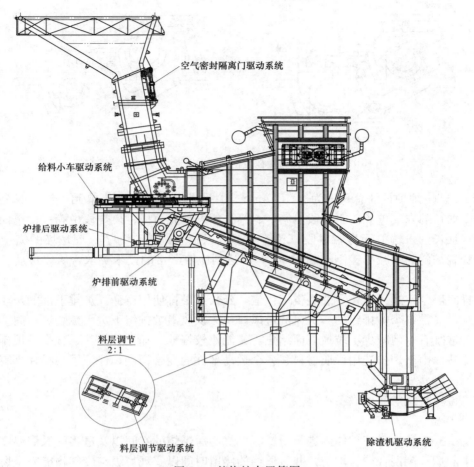

空气密封隔离门驱动系统

给料小车驱动系统

炉排后驱动系统

炉排前驱动系统

料层调节
2：1

料层调节驱动系统

除渣机驱动系统

图 5-9　焚烧炉布置简图

水分特点的垃圾焚烧具有一定的优势,使炉渣热灼减率控制在小于 3％,光大环保自主研发的机械液压顺推炉排运动示意如图 5-10 所示。

机械液压顺
推护排结构

整个焚烧炉排分为 5 个炉排区组,每个标准炉排组包括两个滑动炉排片、两个翻动炉排片、两个固定炉排片以及六个液压缸组成,完成对垃圾的移动、翻动功能。滑动炉排片形成水平运动,确保垃圾燃烧层在水平方向向前运动;翻动炉排片形成上下移动,确保垃圾层翻转移动。每组炉排的速度和频率可单独控制,提高了焚烧炉对热值波动范围很大的生活垃圾的适应性。此外,在必要时可以完全停止运行,对垃圾在焚烧炉排上完成干燥、加热、分解、燃烧和燃尽的每个反应过程能得到较好的控制。在焚烧热值较高的垃圾时,通过在控制系统中预设翻动与滑动次数的比值,来降低每组翻动炉排片的动作频率,减少垃圾在垃圾炉排上的停留时间,以保证焚烧炉处理垃圾的数量。干燥区的翻动能使热值较低的垃圾得到充分疏松,加大与空气的接触面积,加快干燥过程。在燃烧区,当燃烧含水率高时,增加翻转次数,能提高一次风量,使氧和垃圾得到充分混合,需要压火时,减少翻转次数,能降低一次风量,减弱垃圾燃烧。

焚烧炉炉排片的宽度为 300mm,每行炉排有 19 块炉排片,焚烧炉排的总宽度为

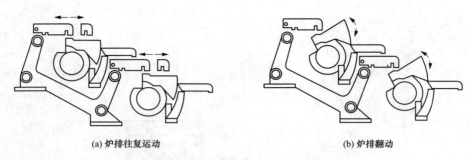

(a) 炉排往复运动　　　　　　　　　　(b) 炉排翻动

图 5-10　光大环保自主研发的机械液压顺推炉排运动示意

5700mm。焚烧炉炉排的总长度为 10 120mm。炉排沿纵向分为五个单元，包括四个标准单元和一个加长的末端单元。干燥段由第一、第二标准单元组成；燃烧段由第三、第四标准单元组成；加长的末端单元为燃尽段，各单元都可以独立调节。为了保证垃圾的完全充分焚烧，使焚烧炉的热灼减率控制在小于 3%，以达到比较严格的技术要求，所以最后一段适当加长。

炉排底部分室通风优化了燃烧空气供应，延长了炉排使用寿命。炉排下部的灰斗既能收集炉底灰，又是各个炉排组的一次风的进风口。一次风沿炉排组下进入焚烧炉，向上吹至垃圾料层，这既有效地减少了垃圾表面结焦，又能比较好地冷却了炉排片，减少了炉排片的更换率。此外，由于炉排选用优质材料、各个运动部件的配合精确，保证了炉排片具有很高的耐用性。

### 三、垃圾焚烧炉其他设备

#### 1. 燃烧室

燃烧室提供了垃圾在炉体内进行干燥、燃烧与后燃烧的空间以及适当的燃烧温度，使燃烧后产生的烟气能混合搅拌均匀，并有适当的停留时间以实现垃圾与废气均能完全燃烧的目的。空冷板砖可防止在炉壁上结渣。为了保护炉内的传热管不被高温及腐蚀性气体腐蚀，传热管用耐火材料涂覆。

#### 2. 炉壁冷却装置

炉壁冷却装置是为了防止结渣的附着和增大而设置，空冷板砖设置在燃烧炉排上面两侧的炉壁。由于垃圾局部在高温燃烧或垃圾热值急剧上升时易结渣附着在炉壁上并增大。会缩短耐火砖的寿命、降低垃圾焚烧的能力，因此在焚烧炉炉壁采用空冷板砖冷却装置。

空冷板砖装置是将常温空气送到耐火砖的背面，降低耐火砖的表面温度，从而防止结渣，提高耐火砖的寿命，空冷板砖结构如图 5-11 所示。

#### 3. 炉膛火焰监视装置

炉内的火焰由设置在焚烧炉后壁的摄像机进行监视，中央控制室内设置电视监视器。用水冷防止摄像机的热损伤，用空气清扫防止摄像机的污损。

#### 4. 点火燃烧器

点火燃烧器系统是为了在焚烧炉启动时，提高炉温而设置的。点火燃烧器具有 5.41kW 的加热能力，使用的燃料是天然气。点火燃烧器以 15°的倾角安装在焚烧炉后壁的外壳上，该角度与炉排的倾角相同。点火器由天然气燃烧器本体、点火器、点火气阀单元、天然气阀单元、燃烧空气单元、冷却空气挡板及附件组成。在 DCS 和就地均可操作燃烧器点火和燃

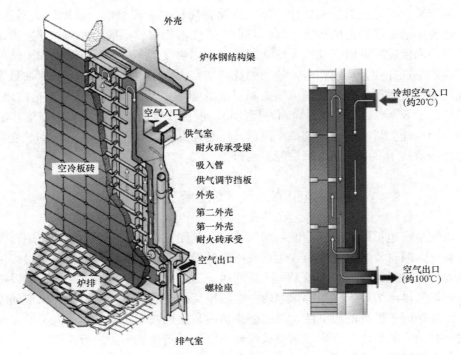

外壳

炉体钢结构梁

空气入口

供气室

耐火砖承受梁

吸入管

供气调节挡板

外壳

第二外壳

第一外壳

耐火砖承受

空气出口

螺栓座

空冷板砖

炉排

排气室

冷却空气入口
(约20℃)

空气出口
(约100℃)

图 5-11 空冷板砖结构

烧器风机的启动和停止，点火燃烧器技术参数见表 5-3。

表 5-3 点火燃烧器技术参数

| 序号 | 项目 | 参数 |
|---|---|---|
| 1 | 数量 | 1单元/每台焚烧炉 |
| 2 | 燃烧器类型 | 单元机组式燃烧器，SASCKE 型 DDG8-GTM |
| 3 | 功率 | 最大 8.1MW |
| | | 最小 0.81MW |
| 4 | 天然气耗量（标态下） | 最大 815m³/h |
| | | 最小 116m³/h |
| 5 | 燃烧风机容量（标态下） | 8200m³/h |
| 6 | 冷却空气用量（标态下） | 1000m³/h |
| 7 | 燃烧风机静压力 | 40mbar |
| 8 | 燃烧风机马达 | 22kW |
| 9 | 燃烧风机额定转速 | 2955r/min |
| 10 | 点火装置燃气压力 | 0.05bar |
| 11 | 燃烧风机电机控制方式 | 变频 |

5. 辅助燃烧器

辅助燃烧器的作用是在焚烧炉启动时提升炉内温度或当炉内温度降低时保持适当的温度以遏制二噁英的产生。它由辅助燃烧器、燃烧空气风机、天然气阀门组、沼气阀门组、燃烧器风管、旋流装置、点火器、引燃枪、沼气枪及管理控制盘等组成。辅助燃烧器用天然气、沼气作为燃料，辅助燃烧器的运转、操作与点火燃烧器相同。不同之处为加热能力、安装位置以及具有炉内温度降低时自动点火的功能，在炉内温度低于850℃，点火和天然气流量控制的运行模式都选择在自动模式时，辅助燃烧器的点火定序器开始动作，然后在最小燃烧状态下点火。在试车时已预先依据炉内压力和温度的实际变动调整好天然气流量的增加速度，当炉内温度低于850℃辅助燃烧器启动并促使炉内温度恢复后，焚烧炉能够以适当的温度连续运行时，天然气流量逐渐减小到最小流量，然后辅助燃烧器自动熄火。辅助燃烧器技术参数与点火燃烧器技术参数相同，每炉配置两台。

## 第四节　风　烟　系　统

锅炉风烟系统包括助燃空气系统和烟气系统，其任务是连续不断地给锅炉燃料燃烧提供所需要的空气，同时使燃烧生成的含尘烟气流经各受热面和烟气净化装置后，最终由烟囱及时地排至大气。垃圾焚烧锅炉一般采用平衡通风，送风机负责把风送进炉膛，引风机负责把燃烧产生的烟气排出炉外，并保持炉膛内一定负压。平衡通风不仅使炉膛和风道的漏风量不会太大，而且保证了较高的经济性，又能防止炉内高温烟气外冒，对运行人员的安全和锅炉房的环境均有一定的好处。下面以某垃圾焚烧发电厂风烟系统为例进行介绍。

### 一、风烟系统组成及流程

风烟系统由助燃空气系统、烟气系统和炉墙冷却风系统组成。风烟系统流程如图 5-12 所示。

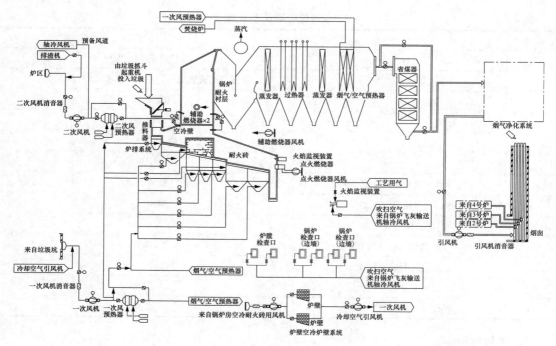

图 5-12　风烟系统流程图

1. 助燃空气系统流程

助燃空气系统包括一次风、二次风以及炉墙冷却风、密封风。一、二次风系统分别由一、二次风机、蒸汽-空气预热器、烟气-空气预热器、风管及支架组成。

一次风空气系统是由炉排系统下方将一次助燃空气送入炉排系统各区段的装置，送往各区段的空气量随着不同区段的需求而改变。一次风空气系统的空气取自于垃圾储坑，由一次风机从焚烧炉底部风室进入焚烧炉。抽取口设置一个过滤网，以防止垃圾随空气被吸入空气管道及进入一次风机而影响风机的正常运行。为了对垃圾起到良好的干燥及助燃效果，一次风空气进入焚烧炉之前，应先通过蒸汽式空气预热器加热到220℃后，送入焚烧炉底部风室内。然后从炉排下部分段送风，对垃圾进行干燥和预热，同时也起到对炉排片的冷却作用。

二次风空气系统的作用主要是加强燃烧室中气体的扰动、烟气中可燃气体的充分燃烧、增加烟气在炉膛中的停留时间以及调节炉膛的温度等。二次风主要从锅炉房上方、液压平台封闭区和渣池内抽取，经变频二次风机加压送入二次风蒸汽-空气预热器加热到166℃后送入燃烧室第一烟道的前后墙，加强扰动，延长烟气的燃烧行程，使空气与烟气充分混合，保证垃圾焚烧过程中产生的气体完全燃烧，并使烟气在850℃环境下停留2s以上，以确保二噁英完全分解。

2. 烟气系统流程

烟气系统包括引风机、烟道等。垃圾经燃烧后产生的高温烟气在余热锅炉中将热量传递给水，烟气温度经余热锅炉后降到190～220℃，进入烟气净化设备。净化后的烟气温度降到约150℃，经引风机和烟囱排入大气。

3. 炉墙冷却风系统流程

炉墙冷却风系统是指焚烧炉部分炉墙被循环的新风冷却，防止在炉墙结焦。焚烧炉两侧墙设计冷却风，侧墙由耐火砖砌成中空结构，炉墙外部安装保温层。

冷却风从侧墙下部进入，流经耐火砖墙，达到冷却炉墙的目的。锅炉间的空气通过风机被注入空冷墙内，在离开炉墙被预热后，与一次风混合，喷入焚烧炉进风口。系统包括炉墙冷却送风机、冷却空气引风机、冷却空气控制挡板等。

**二、风烟系统主要设备组成**

1. 风机

风机是发电厂锅炉设备中重要辅机之一，在锅炉上的应用主要是二次风机、引风机、一次风机、炉墙冷却风机和冷却空气引风机等。风机根据工作原理可以分为离心式风机和轴流式风机。风烟系统各风机的技术参数见表5-4。

表5-4　　　　　　　　　　　风烟系统各风机的技术参数

| 项目名称 | 流量（m³/h） | 压力（Pa） | 转速（r/min） | 功率（kW） | 设备型号 | 电流（A） |
|---|---|---|---|---|---|---|
| 一次风机 | 98 800 | 7650 | 1460 | 355 | G5-48-15.6D | 25.6 |
| 二次风机 | 42 100 | 6310 | 1460 | 132 | G6-35-13.3D | 240 |
| 引风机 | 291 400 | 9500 | 1460 | 1250 | Y6-2X29-22.8F | 85.8 |
| 空冷墙冷却送风机 | 9000 | 4050 | 1460 | 18.5 | 9-19-9.5D | 35.8 |
| 空冷墙冷却引风机 | 11 500 | 1620 | 1460 | 11 | 6-35-8.2D | 22.2 |

（1）一、二次风机。一次风机、二次风机是变频控制的单侧吸入涡轮式风机，为防止振动传递到一次风风道和建筑物，采用防振垫和膨胀节；为了降低吸入空气时的噪声水平，在一次风机、二次风机吸风口的风道上设置消音器。

（2）引风机。引风机采用两侧吸入型的涡轮式风机。在计算上最大的容量（即焚烧炉的MCR110％）按烟气量的125％以上为风机的额定风量，计算上的最大焚烧炉-锅炉-烟气净化系统/脱硝系统的压力损失的135％以上为引风机的压头。引风机为双侧吸入式，布置了轴承，使叶轮在两侧的轴承之间。引风机的轴承由独立的底盘支撑，引风机带有高压变频电动机，转速采用变频控制。

（3）炉墙冷却送风机。炉墙冷却送风机的形式是单侧吸入涡轮式风机。炉墙冷却送风机从锅炉房吸入空气，作为炉墙冷却空气供应给炉墙，为了防止使设备受损的异物进入，在吸入口设置金属网，为了降低从锅炉房吸入空气时产生的噪声，在吸入风管部设置炉墙冷却送风机消音器。

（4）冷却空气引风机。冷却空气引风机的形式是单侧吸入涡轮式风机。冷却空气引风机从空冷耐火砖墙吸入作为冷却空气而被加热的空气，为了能量的再利用，把该空气再送到一次风机吸入风管。

2. 蒸汽-空气预热器

为了预热一、二次风风温，设置蒸汽-空气预热器。该预热器为 2 段式，各段分别使用高压蒸汽和中压蒸汽作加热媒介。

3. 烟气-空气预热器

余热锅炉尾部设置的烟气-空气预热器，用于进一步加热已由蒸汽空气预热器加热至一定温度的助燃空气，以改善入炉垃圾干燥和着火条件。

4. 一次风风温控制挡板

为了控制一次风温度，设置了一次风预热器主挡板 A、一次风预热器旁路挡板 B 和燃烧空气温度控制挡板 C。挡板 A 设置在一次风预热器入口风道，挡板 B 设置在一次风空气预热器的旁路风道。在热风和常温风混合的下游测量预热空气的温度。通过 A 或 B 挡板调节开度，由一次风预热器出口温度控制器控制温度，在联动模式时根据垃圾热值的函数进行控制，在自动模式时自动控制恒温。挡板 C 设置在一次风预热器和烟气空气预热器双方的旁路风道上。在烟气空气预热器加热的空气和常温空气混合地点的下游测量燃烧空气的温度，该温度由燃烧空气温度控制器根据挡板开度和设定值进行控制，在联动模式时根据垃圾热值的函数控制；在自动模式时自动控制为恒温。

5. 二次风风温控制挡板

为了控制二次风的温度，设置了二次风预热器挡板 A 和二次风预热器旁路挡板 B。挡板 A 设置在二次风预热器入口风道，挡板 B 设置在二次风预热器的旁路风道。在热风和常温空气混合点的下游处测量预热的空气温度。通过 A 或 B 挡板调节开度，由二次风温度控制器，在联动模式时根据垃圾热值的函数控制温度；或在自动模式时自动控制成恒温。

6. 冷却空气控制挡板

为了防止从炉墙漏出烟气，需要在炉墙冷却送风机和冷却空气引风机之间保持正压。为此，为了控制炉墙冷却空气的压力，在冷却空气引风机入口风管上设置冷却空气控制挡板。炉墙冷却空气的压力在冷却空气控制挡板上游侧被检测，开关冷却空气控制挡板，控制该压力。

7. 烟道

烟气管道包括从锅炉出口经烟气净化设备到达烟囱各设备之间连接的所有附件。各附件之间设置膨胀节，防止热膨胀引起风管错位，或施加给支撑件或设备额外作用力。所有烟气系统的设备、烟道都保温，烟道内的烟气流速设计在 MCR 时 15m/s 以下。在设计烟道途径时，避免急转弯、不增加压力损失的基础上，尽可能地节省空间。为了使运行中不堆积粉尘，事先预设合适的倾斜，在膨胀节处采用套筒结构，并在适当位置配置清扫用人孔。

# 第六章　余热锅炉系统及设备

余热锅炉是利用生活垃圾焚烧高温烟气携带热量生产蒸汽的热力设备。由于垃圾焚烧锅炉内是一个多种高温腐蚀现象同时存在的环境，其中包括烟气中腐蚀性成分引起氧化、酸化而发生的卤化物腐蚀、渗碳、氧化等高温气体腐蚀。垃圾焚烧发电厂运行经验表明，如果烟气温度超过 420～450℃时高温腐蚀急剧增加，故蒸汽温度一般不宜大于 420℃。从经济性考虑，对过热蒸汽产量只有数十吨的垃圾焚烧锅炉不宜采用高压参数，所以目前焚烧厂绝大多数机组采用中温中压参数。

## 第一节　锅炉蒸发系统

### 一、自然水循环原理

自然水循环原理

蒸发设备是锅炉的重要组成部分，其作用是吸收炉内燃料燃烧放出的热量，把炉水转变成饱和蒸汽。锅炉蒸发设备的水循环分为自然循环和强制流动两种。依靠工质的密度差而产生的循环流动称为自然循环，借助水泵压力使工质循环流动，称为强制循环。

自然循环是借助下降管中的饱和水与受热面上升管内的汽水混合物之间形成的密度差而

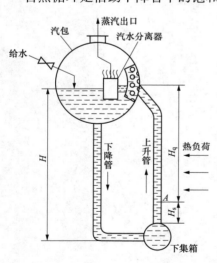

图 6-1　自然循环流动原理

流动。在水循环回路中，水冷壁中工质吸收炉膛和烟气的高温辐射热量，部分水蒸发，形成汽水混合物；而下降管布置在炉外不受热，管内工质为水，因此下降管中水的密度大于水冷壁中汽水混合物的平均密度，在下集箱两侧则产生压力差，此压力差将推动工质在水冷壁中向上流动以及在下降管中向下流动，形成自然循环。自然循环锅炉的水循环流程为汽包→下降管→下联箱→水冷壁（或称上升管）→汽包，自然循环流动原理如图 6-1 所示。

循环流速和循环倍率是反映自然循环锅炉工作可靠性的重要指标。

在循环回路中，按工作压力下饱和水密度折算的上升管入口处的水流速称为循环流速。循环流速的大小反映了管内流动的工质将管外传入的热量和管内所产生的气泡带走的能力。循环流速越大，单位时间内进入水冷壁的水量就越多，从管壁带走的热量及气泡越多，对管壁的冷却条件也越好。

进入上升管的循环水流量与上升管出口蒸汽流量之比称为循环倍率。循环倍率的意义是上升管中每产生 1kg 蒸汽，需要进入上升管的循环水量；或 1kg 水全部变成蒸汽，在循环回路中需要循环的次数。

　　循环倍率的倒数称为上升管出口汽水混合物的干度或质量含汽量。循环倍率越大，则质量含汽量越小，表示上升管出口汽水混合物中水的份额较大，管壁水膜稳定。但循环倍率值过大，表示上升管中蒸汽量太少。汽水混合物的平均密度增大，运动压头减小，这将使循环水流速降低，对水循环安全是不利的。若循环倍率过小，则含汽量过大，上升管出口汽水混合物中蒸汽的份额过大，管壁水膜可能被破坏，从而造成管壁温度过高而烧坏。

**二、自然循环蒸发设备**

1. 汽包

汽包结构

　　汽包也称锅筒，是锅炉蒸发设备中的主要部件，是汇集炉水和饱和蒸汽的圆筒形容器，安装在炉外顶部，不接受火焰或高温烟气的热量，外部覆有保温材料。汽包不受火焰和烟气的直接加热，并具有良好的保温。锅炉的汽包都用吊箍悬吊在炉顶大梁上，悬吊结构有利于汽包受热升温后的自由膨胀。汽包的尺寸和材料与锅炉的容量、参数及内部装置的型式等因素有关，汽包的长度应适合锅炉的容量、宽度和连接管子的要求；汽包的内径由锅炉的容量、汽水分离装置的要求决定。锅炉压力越高及汽包直径越大，汽包壁越厚。汽包在汽包锅炉中具有很重要的作用，其作用主要体现在以下几个方面：

　　（1）汽包与省煤器出口相连，接受省煤器来的给水，并向过热器输送饱和蒸汽；同时水冷壁、下降管分别连接于汽包，形成自然循环回路。因此，汽包是工质的加热、蒸发、过热三个过程的分界点。

　　（2）汽包具有一定的蓄热能力，能较快适应外界负荷变化，减缓负荷变化时汽压变化的速度。

　　（3）汽包内装有各种净化装置，如汽水分离器、蒸汽清洗装置、排污及加药装置等，从而改善了蒸汽品质。

　　（4）汽包上还装设有各种表计，如压力表、温度表、水位计等，用以控制汽包压力、监视汽包水位，保证锅炉安全工作。

汽包工作过程

　　某机组的汽包内径为 1600mm，壁厚为 46mm，由 Q345R 锅炉钢板制成，封头用 Q245R 钢板压制成。汽包内部为单段蒸发，一次分离装置为直径 290mm 的旋风分离器，锅炉额定负荷时平均每只旋风分离器负荷为 2t/h，二次分离装置在汽包顶部，装设有百叶窗分离器。锅炉正常水位在汽包中心线下 50mm，最高和最低水位距正常水位各为 75mm。汽包上装有两只就地双色水位表，另外还装有一只电接点水位计，可把汽包水位显示在操纵盘上，并且有报警的功能，汽包上配备有水位管座，用户可装设水位记录仪表，汽包水位以就地水位表的指示为基准。汽包上还装设有连续排污管和加药管等，汽包通过下降管支撑在锅炉支座上。

2. 水冷壁

　　（1）水冷壁的作用。布置在炉膛内壁面上主要用水冷却的受热面，称为水冷壁，它是电站锅炉的主要蒸发受热面，它由许多并列上升的管子组成，常用的管材为碳钢或低合金钢。水冷壁的主要作用如下：

　　1）吸收炉内辐射热，将水加热成饱和蒸汽；

　　2）保护炉墙，简化炉墙结构，减轻炉墙重量，这主要是由于水冷壁吸收炉内辐射热，使炉墙温度降低的缘故；

3）吸收炉内热量，把烟气冷却到炉膛出口所允许的温度，这对减轻炉内结渣、防止炉膛出口结渣都是有利的；

4）水冷壁在炉内高温下吸收辐射热，传热效果好，故能降低锅炉钢材消耗量及锅炉造价。

（2）水冷壁的型式。锅炉水冷壁主要有光管式、销钉式、膜式三种型式。

1）光管水冷壁。用外形光滑的管子连续排列成平面结构，光管水冷壁结构要素如图 6-2 所示。

2）销钉式水冷壁。销钉式水冷壁是在光管水冷壁管的外侧焊接上很多直径为 9～12mm、长为 20～25mm 的圆柱形销钉，销钉水冷壁如图 6-3 所示。

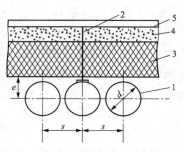

图 6-2　光管水冷壁结构要素

1—上升管；2—拉杆；3—耐火材料；4—绝热材料；5—外壳；s—管中心节距

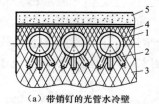
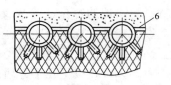

（a）带销钉的光管水冷壁　　　（b）带销钉的膜式水冷壁

图 6-3　销钉水冷壁

1—水冷壁管；2—销钉；3—耐火材料层；4—铬矿砂材料；5—绝热材料；6—扁钢

膜式水冷壁结构

在有销钉的水冷壁上敷盖一层铬矿砂耐火材料，形成卫燃带。卫燃带可以使水冷壁吸热量减少，炉内温度升高，有利于锅炉燃烧。

3）膜式水冷壁。膜式水冷壁是由鳍片管沿纵向依次焊接而成，构成整体受热面。膜式水冷壁的鳍片管有轧制鳍片管和焊接鳍片管两种类型，膜式水冷壁如图 6-4 所示。

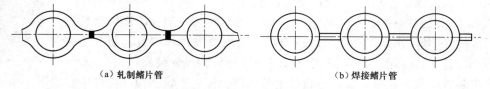

（a）轧制鳍片管　　　　　　　　　　　　（b）焊接鳍片管

图 6-4　膜式水冷壁

锅炉的三个炉室和后部水平烟道两侧均布置有膜式水冷壁，各部分的水冷壁管规格见表 6-1。水冷壁外设有刚性梁，整个水冷壁组成刚性吊箍式结构，水冷壁本身与其所属炉墙及刚性梁等重量均通过水冷壁系统吊挂装置悬吊在顶板上，并可以向下自由膨胀。

表 6-1　各段水冷壁管规格

| 项目 | 辐射传热部 | 水平烟道部 |
| --- | --- | --- |
| 间距 | 105mm | 110mm |
| 管子（外径×壁厚） | $\phi 76 \times 4.5mm$<br>$\phi 76 \times 6mm$ | $\phi 89 \times 6mm$<br>$\phi 89 \times 8mm$<br>$\phi 57 \times 8mm$ |
| 材质 | 20G | 20G |

## 3. 蒸发器

蒸发器分别设置在过热器前后侧，由 2 段组成。从汽包经下降管来的给水引到侧墙水冷壁下部集箱，分配到各蒸发器以及侧墙水冷壁。蒸发器加热的饱和水集中到侧墙水冷壁上部集箱，通过汽水引出管汇集到汽包。一级蒸发器管束布置在水平烟道的进口，由蛇形管弯制而成，分片顺列布置在烟道内；蒸发管束由碳钢管束制成，位于高温过热器之前，可以起到保护高温过热器的作用。二级蒸发器管束布置在水平烟道的出口，一方面可以弥补蒸发受热面的不足，另一方面可以防止省煤器沸腾。蒸发器管规格见表 6-2。

表 6-2　　　　　　　　　　　　　　　　　蒸发器管规格

| 项目 | 一级蒸发器 | 二级蒸发器 |
| --- | --- | --- |
| 间距（横向×纵向） | 150mm×110mm | 100mm×110mm |
| 段数×列数 | 46×6 | 68×14 |
| 管子（外径×壁厚） | $\phi 38×4mm$ | $\phi 38×4mm$ |
| 材质 | 20G | 20G |

## 4. 下降管

下降管的作用是把汽包内的水连续不断地通过下联箱供给水冷壁，以维持正常的水循环。下降管布置在炉膛外不受热，其外包覆有保温材料，以减少散热。

下降管有小直径分散型和大直径集中型两种。大直径集中下降管接至汽包，垂直引至炉底，再通过小直径分支管引出接至各下联箱。小直径分散型下降管直接与下联箱相连，小直径分散型下降管的管径小、数目多、流动阻力大，一般用在中、小容量锅炉上。下降管的材料一般选用碳钢或低合金钢。

## 5. 联箱

联箱的作用是将进入的工质汇集、混合、并均匀分配出去，一般布置在炉外不受热。由无缝钢管焊上弧形封头构成，在联箱上有若干个管头与管子连接。联箱材料一般选用碳钢或低合金钢。

### 三、锅炉排污

锅炉排污是控制炉水含盐量、改善蒸汽品质的重要途径之一。排污就是将一部分炉水排除，以便保持炉水中的含盐量和水渣在规定的范围内，以改善蒸汽品质并防止水冷壁结水垢和受热面腐蚀。

锅炉排污可分为定期排污和连续排污两种。定期排污的目的是定期排除炉水中的水渣，所以定期排污的地点应选在水渣积聚最多的地方，即水渣浓度最大的部位，一般是在水冷壁下联箱底部。定期排污量的多少及排污的时间间隔主要视给水品质而定。

连续排污的目的是连续不断地排出一部分炉水，使炉水含盐量和其他水质指标不超过规定的数值，以保证蒸汽品质。所以连续排污应从炉水含盐浓度最大部位引出。一般炉水含盐浓度最大的部位位于汽包蒸发面附近，即汽包正常水位线以下 200～300mm 处。连续排污主管布置在汽包水的蒸发面附近，主管上沿长度方向均匀地开有一些小孔或槽口，排污水即由小孔或槽口流入主管，然后通过引出管排走。

对于凝汽式电厂，其最大允许的排污率为 2%，最小排污率取决于炉水含盐量的要求，一般不得小于 0.5%。

## 第二节　锅炉过热器

过热器一般按照受热面的传热方式分为对流式、辐射式及半辐射式三种型式。垃圾焚烧发电锅炉过热器布置在锅炉对流烟道中，主要以对流传热方式吸收烟气热量，为对流过热器。

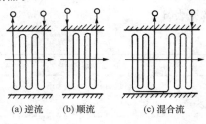

(a) 逆流　　(b) 顺流　　(c) 混合流

图 6-5　工质流动方向

### 一、流动方式

对流过热器根据烟气与管内蒸汽的相对流动方向，可分为逆流、顺流和混合流三种方式。逆流方式如图 6-5（a）所示，烟气的流向与蒸汽总体的流向相反。逆流布置时蒸汽温度高的一段管子处于烟气高温区，金属壁温高，必须考虑其安全性。逆流方式由于烟气和蒸汽的平均传热温差较大，所需受热面较少，可节约钢材，但蒸汽最高温度处恰恰是烟气最高温度处，使该处受热面的金属管壁温度较高，工作条件最差。因此，这种布置方式常用于过热器的低温级。顺流布置方式如图 6-5（b）所示，与图 6-5（a）相反，蒸汽温度高的一段处于烟气低温区，金属壁温较低，安全性好，但由于平均传热温差小，所需受热面较多，金属耗量最多，经济性差。因此，顺流布置方式多用于蒸汽温度较高的最末级。混合流布置方式如图 6-5（c）所示，这种方式综合了逆流和顺流布置的优点，蒸汽低温段采用逆流方式，蒸汽的高温段采用顺流方式。这样，它既获得较大的平均传热温压，又能相对降低管壁金属最高温度，因此在高压锅炉中得到了广泛应用。

### 二、放置方式

根据对流受热面的放置方式可分为立式和卧式两种。蛇形管垂直放置时称为立式布置，立式布置都布置在水平烟道内。蛇形管水平放置时称卧式布置方式，卧式布置都布置在垂直烟道内。下面分析两种放置方式的特点。

1. 支吊结构

立式过热器的支吊结构比较简单，通常布置在炉膛出口的水平烟道中，它用多个吊钩把蛇形管的上弯头钩起，整个过热器被吊挂在吊钩上，吊钩支承在炉顶钢梁上。卧式过热器的支吊结构比较复杂，蛇形管支承在定位板上，定位顶板与底板固定在有工质冷却的受热面如省煤器出口联箱引出的悬吊管上，悬吊管垂直穿出炉顶墙通过吊杆吊在锅炉顶钢梁上，卧式过热器通常布置在尾部竖井烟道中。

2. 运行条件

立式过热器的支吊结构不易烧坏，蛇形管不易积灰，但是停炉后管内存水较难排出，升温时由于通汽不畅易导致管子过热。卧式过热器在停炉时蛇形管内存水排出简便，但是容易积灰。

### 三、蛇形管束结构

对流过热器一般采用蛇形管式结构，即由进出口联箱连接许多并列蛇形管构成，蛇形管的管圈数如图 6-6 所示。蛇形管一般采用外径为 32～63.5mm 的无缝钢管。其壁厚由强度计算确定，一般为 3～9mm。管子选用的钢材决定于管壁温度，低温段过热器可用 20 号碳钢或低合金钢，高温段常用 15CrMo 或 12CrlMoV，高温段出口甚至需用耐热性能良好的钢研

102 等材料。

对流式过热器的蛇形管有顺列和错列两种排列方式。蛇形管排列方式如图 6-7 所示。在其他条件相同时，错列管的传热系数比顺列管的高，但管间易结渣，吹扫比较困难，同时支吊也不方便。国产锅炉的过热器，一般在水平烟道中采用立式顺列布置，在尾部竖井中则采用卧式错列布置。

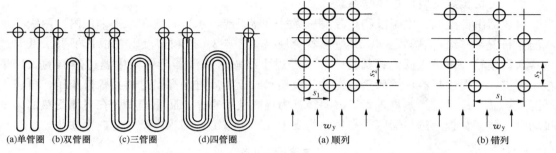

图 6-6　蛇形管的管圈数　　　　　图 6-7　蛇形管排列方式

目前，大容量锅炉的对流管束趋向于全部采用顺列布置，以便于支吊，避免结渣和减轻磨损。

管束的排列特性用横向相对节距 $s_1/d$ 与纵向节距 $s_2/d$ 表示。垂直于烟气流动方向称横向，平行于烟气流动的方向称纵向。在管束排列特性、烟气流速和烟气冲刷受热面等条件相同时，错列管束的放热系数比顺列的大。但是，错列管束的吹灰通道较小，吹灰器不易把管束表面的积灰吹扫清除；或者增大横向节距以增大吹灰通道，但会使烟道空间的利用率降低。顺列管束的积灰容易吹扫。我国大多数锅炉的过热器在高温水平烟道中采用立式顺列布置，相对横向节距 $s_1/d=2\sim3$，相对纵向节距 $s_2/d=2.5\sim4$。后者取决于管子的弯曲半径 $r$。靠近炉膛的前几排过热器管束，为了防止结渣适当增大其管节距，使 $s_1/d\geqslant4.5$、$s_2/d\geqslant3.5$。

**四、蒸汽质量流速**

选取过热器的蒸汽质量流速要考虑蒸汽对管壁的冷却能力和蒸汽在管内流动引起的压力损失两个因素。

管内工质冷却管壁的能力决定于工质流速及密度。因此，常用质量流速 $\rho w$ 来反映。为了有效地冷却过热器管子金属，蒸汽应采用较高的质量流速，但工质流动的压降也随之增大，并且质量流速与受热面的热负荷有关。处于高温烟气区的受热面热负荷大，蒸汽质量流速高。同时蒸汽质量流速提高，流动压降增大。对流过热器蛇形管的管径与并联管数应适合蒸汽质量流速要求。由于锅炉宽度的增加落后于锅炉容量的增加，大容量锅炉为了使对流过热器与再热器有合适的蒸汽流速，常做成双管圈、三管圈甚至更多的管圈，以增加并联管数，见图 6-7。

**五、烟气流速**

流经对流受热面的烟气流速受到多种因素的相互制约。烟速越高，传热就越好。在传热量相同条件下可减小受热面的面积，节约钢材，但受热面金属的磨损加剧，通风电耗也大。若烟速太低，不仅影响传热，而且还将导致受热面严重积灰。

通过对流过热器的烟气流速由防止受热面的积灰、磨损、传热效果和烟气流动压力降等诸因素决定。烟气流速与煤的灰分含量、灰的化学成分组成与颗粒物理特性等有关，还与锅炉型式、受热面结构有关。选取合理的烟速，既有较好的传热效果，又能防止受热面的磨损和积灰。为防止管束积灰，额定负荷时对流受热面的烟气流速不宜低于 6m/s。为了防止磨损，应限制烟气流速的上限。在靠近炉膛出口烟道中，烟气温度较高，灰粒较软，受热面的磨损不明显，煤粉炉可采用 10～14m/s 的流速；当烟气温度降至 600～700℃以下时，灰粒变硬，磨损加剧，烟气流速不宜高于 9m/s。

### 六、垃圾焚烧发电厂过热器系统

过热器由低温段、中温段和高温段三级过热器组成，水平布置在水平烟道内，两级喷水减温器布置在三级过热器之间。某过热器管规格见表 6-3。饱和蒸汽由二根管子引入低温过热器入口集箱，再进入低温过热器，蒸汽经过Ⅰ级喷水减温器后引入中温过热器的入口集箱，再进入中温过热器，然后蒸汽经过Ⅱ级喷水减温器后进入高温过热器入口集箱，再进入高温过热器，最后过热蒸汽进入汇汽集箱。为提高使用寿命，防止磨损，在对流受热面第一排均设有防磨瓦板。过热器管子和集箱均支承在水冷壁上，与水冷壁一起向下膨胀。

**表 6-3**　　　　　　　　　　　　　　　　　过热器管规格

| 项目 | 低温过热器 | 中温过热器 | 高温过热器 |
|---|---|---|---|
| 间距（横向×纵向） | 120×110mm | 150×110mm | 150×110mm |
| 段数×列数 | 56×28 | 46×12 | 46×12 |
| 管子（外径×壁厚） | $\phi 42\times5$mm | $\phi 48\times5.5$mm | $\phi 48\times5.5$mm |
| 材质 | 20G | 12Cr1MoVG | 12Cr1MoVG |

过热蒸汽温度采用喷水减温器调温，过热器Ⅰ级、Ⅱ级减温器中的喷的水均来自锅炉给水，通过喷水降低了蒸汽温度，从而达到了调节蒸汽温度的目的。减温器按设计燃料额定负荷下的两级喷水减温调节幅度为 15℃和 23℃。

### 七、安全阀

弹簧式安全阀

为了防止锅炉受热面超压造成设备损坏，过热器出口、汽包上均设置了弹簧式安全阀。为减小安全阀的动作次数，当主蒸汽压力超压时，过热器出口的生火排汽电动阀开启进行泄压。如果压力继续上升，则过热器安全阀开启进行排汽泄压；如果继续升压则汽包安全阀启动排汽，这样才能保证过热器及整个锅炉安全。

## 第三节　空气预热器和省煤器

### 一、空气预热器

#### 1. 蒸汽-空气预热器

蒸汽-空气预热器

当焚烧高水分、低热值生活垃圾时，提高进入垃圾焚烧炉助燃空气温度是保证垃圾焚烧系统正常工作的有效措施之一。为了预热一、二次风，设置蒸汽-空气预热器。该预热器为 2 段式，各段分别使用高压蒸汽和中压蒸汽作加热媒介。鉴于从垃圾储坑吸入的空气可能比较脏，预热器受热管采用光管。因采用光管，即使堆积了颗粒物、污染物也能方便地去除，可以防止受热性能的恶化、防腐、防磨，蒸汽-空气预热器能把助燃空气加热到 230℃。

一次风蒸汽-空气预热器技术参数见表 6-4，二次风蒸汽-空气预热器技术参数见表 6-5。

表 6-4　　　　　　　　　　　一次风蒸汽-空气预热器技术参数

| 加热器名称 | 一次风蒸汽/空气预热器 | | | |
|---|---|---|---|---|
| 介质流动方式 | 蒸汽竖向流动/空气水平流动 | | | |
| 位置 | 空气侧 | | 蒸汽侧 | |
| 分级 | 第 1 级 | 第 2 级 | 第 1 级 | 第 2 级 |
| 流体循环流动 | 空气（从垃圾储坑中吸入） | | 低压蒸汽 | 高压蒸汽 |
| 流量 | 53 330m³/h | | 4.11t/h | 3.06t/h |
| 入口温度 | 15℃ | 140℃ | 240.0℃ | 395℃ |
| 出口温度 | 140℃ | 230℃ | 180.0℃ | 249℃ |
| 工作压力 | 6.0kPa | | 1.0MPa | 3.9MPa |
| 设计压力 | 9.0kPa | | 1.5MPa | 5.5MPa |
| 设计温度 | 250℃ | | 300℃ | 420℃ |

**注**　高压蒸汽实际温度为 395℃，低压蒸汽实际温度为 240℃。

表 6-5　　　　　　　　　　　二次风蒸汽-空气预热器技术参数

| 加热器名称 | 二次风蒸汽/空气预热器 | | | |
|---|---|---|---|---|
| 介质流动方式 | 蒸汽竖向流动/空气水平流动 | | | |
| 位置 | 空气侧 | | 蒸汽侧 | |
| 分级 | 第 1 级 | 第 2 级 | 第 1 级 | 第 2 级 |
| 流量 | 12 150m³/h | | 0.98t/h | 0.75t/h |
| 入口温度 | 15℃ | 140℃ | 240.0℃ | 395.0℃ |
| 出口温度 | 140℃ | 220℃ | 180.0℃ | 249.0℃ |
| 工作压力 | 5.5kPa | | 1.0MPa | 3.8MPa |
| 设计压力 | 9.0kPa | | 1.5MPa | 5.35MPa |
| 设计温度 | 250℃ | | 300℃ | 420℃ |

### 2. 烟气-空气预热器

余热锅炉尾部设置的烟气-空气预热器，用于进一步加热已由蒸汽空气预热器加热至一定温度的助燃空气，以改善入炉垃圾干燥和着火条件。烟气-空气预热器有多管式、套管式、放射式、炉壁式等形式。垃圾焚烧发电厂多采用管式空气预热器，管内通空气管外通烟气的形式，烟气-空气预热器管规格见表 6-6。

管式空气预热器

表 6-6　　　　　　　　　　　烟气-空气预热器管规格

| | |
|---|---|
| 间距（横向×纵向） | 240×220mm |
| 段数×列数 | 28×12 |
| 管子（外径×壁厚） | φ168×7mm |
| 材质 | 20G |

烟气-空气预热器的作用包括：①改善并强化燃烧。当经过预热器后的热空气进入炉内后，加速了燃料的干燥、着火和燃烧过程，保证炉内稳定燃烧，起着改善、强化燃烧的作用；②强化传热。由于炉内燃烧得到改善和强化，加上进入炉内的热风温度提高，炉内平均温度水平也有提高，从而可强化炉内辐射传热；③减小炉内损失，降低排烟温度，提高锅炉热效率。

通过烟气空气预热器的烟气中含有大量粉尘。当预热器入口的烟气温度过高时，烟尘会发生熔融并附着在管壁上形成污垢，从而大大降低了空气预热器的传热效率，有时甚至造成烟尘灰粒堵塞烟气通道，因此，预热器入口的烟气温度一般保持在500℃以下较为适宜。

烟气空气预热器出口空气温度的调节，一般采用调节空气量来实现，通过设置冷空气旁路，调节旁路冷空气量，与通过预热器的高温空气相混合，以控制预热空气所需达到的温度。

烟气-空气预热器具有将被一次风预热器加热后的燃烧空气再加热至250℃的能力。对于低热值垃圾，燃烧所需要加热的空气温度比高压蒸汽的饱和温度高，所以采用高温烟气作为加热媒介。

烟气-空气预热器设置在锅炉省煤器受热管上游，烟气-空气预热器受热管的表面，用固定式蒸汽吹灰器及激波吹灰器进行清扫。

## 二、省煤器

省煤器是利用锅炉尾部烟气热量加热锅炉给水的热交换设备，它是现代电厂锅炉不可或缺的低温受热面。由于省煤器一般布置在过热器受热面之后的尾部对流烟道中，又称尾部受热面。省煤器按出口工质状态分为沸腾式省煤器和非沸腾式省煤器，按其所用的材料分为铸铁管式和钢管式两种形式。现代电厂锅炉中都采用钢管非沸腾式省煤器，其优点是工作可靠、体积小、质量轻、价格低廉；缺点是钢管容易受氧腐蚀，因此给水必须除氧合格。

省煤器安装在锅炉尾部对流烟道中，是烟气侧最后的受热面，为避免低温腐蚀，设计排烟温度不宜低于180℃。

省煤器按蛇形管的排列方式可分为错列布置和顺列布置两种。错列布置传热效果好，结构紧凑，积灰较轻，但磨损严重；顺列布置传热效果差，但磨损较轻。现代大型锅炉为了减轻磨损多采用顺列布置。

省煤器的启动保护

在锅炉启动初期，省煤器经常间断上水。当停止给水时，省煤器中的水处于不流动状态，这是由于高温烟气的不断加热，会使部分水汽化，生成的蒸汽就会附着在管壁上或集结在省煤器上段，造成管壁超温损坏。因此，省煤器在启动时应进行保护。一般的保护方法是在省煤器进口与汽包下部之间装有不受热的再循环管，省煤器再循环管如图6-8所示。利用再循环管与省煤器中工质的密度差，使省煤器中的水不断循环流动，管壁也因而不断得到冷却而不被烧坏。正常运行时，应关闭省煤器再循环门，避免给水由再循环管进入汽包，导致省煤器缺水烧坏。

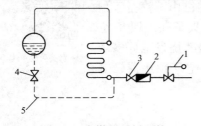

图6-8　省煤器再循环管

1—给水调节阀；2—止回阀；3—截止阀；
4—省煤器再循环阀；5—再循环管

# 第七章　垃圾焚烧锅炉烟气处理系统

## 第一节　烟 气 脱 硫

### 一、脱硫系统作用及特点

垃圾发电脱硫系统一般采用半干法烟气脱硫工艺，其原理是利用 CaO 加水制成的 $Ca(OH)_2$ 悬浮液或直接购买成品 $Ca(OH)_2$ 粉与烟气接触反应，去除烟气中的 $SO_2$、HCl、HF、$SO_3$ 等气态污染物的方法。

半干法脱硫工艺具有技术成熟、系统可靠、工艺流程简单、耗水量少、占地面积小、一次性投资费用低、脱硫产物呈干态、无废水排放、可以脱除部分重金属等优点，一般脱硫率可超过 85%；另外，利用氯化物溶解度高不易干燥的特点，可加强吸收剂（生石灰）与 $SO_2$ 的反应深度，从而在一定程度上提高脱硫率。但是，半干法工艺采用生石灰或熟石灰作吸收剂，原料成本较高，并且对石灰品质有较高要求；另外，由于反应塔后含有较多的粉尘，在目前环保要求越来越严格的情况下，要求下游除尘设备具有较高的除尘效率；半干法脱硫产物为亚硫酸钙和硫酸钙的混合物，综合利用受到一定限制。半干法烟气脱硫工艺在垃圾焚烧发电厂的应用主要为喷雾干燥法工艺，某垃圾发电脱硫系统技术参数见表 7-1。

表 7-1　　　　　　　　　　　　某垃圾发电脱硫系统技术参数

| 项　　目 | 单位 | 数据 |
|---|---|---|
| 设计烟气入口流量（湿） | $m^3/h$ | 125 100 |
| 设计烟气出口流量（湿） | $m^3/h$ | 128 560 |
| 额定烟气入口温度 | ℃ | 190～230 |
| 烟气入口最高温度 | ℃ | 240 |
| 额定烟气出口温度 | ℃ | 150 |
| 烟气在洗涤塔中的额定停留时间 | s | ＞14 |
| 反应塔外形尺寸［直径/高度（有效直段）］ | m | 9.5/11 |
| 反应塔灰斗电伴热 | kW | 30 |
| 额定石灰浆浓度 | % | 15 |
| 石灰浆耗量，额定条件 | kg/h | 1271（MCR 时） |
| 烟气额定压力降 | Pa | ≤1400 |
| 旋转喷雾器电机转数 | rpm | 12 000 |
| 旋转喷雾器电机功率 | kW | 55 |
| 旋转喷雾器尺寸 | mm | 1100（高度） |
| 旋转喷雾器重量 | kg | 约 400 |
| 旋转喷雾器在线更换时间 | min | ＜15 |

## 二、半干法烟气脱硫工艺流程及反应过程

### 1. 半干法烟气脱硫工艺流程

半干法烟气脱硫是将生石灰制成消石灰浆液后喷入反应塔中与烟气接触达到脱除二氧化硫的目的的一种工艺。主要工艺流程如下：烟气从塔顶切向进入烟气分配器，石灰经破碎后储存于石灰粉仓，生石灰经消化后进入配浆池，与再循环脱酸副产物和部分粉煤灰混合制成浆液，浆液制备系统工艺流程如图 7-1 所示。浆液经高位料箱流入离心雾化机雾化后，在脱硫塔内与热烟气接触，吸收剂蒸发干燥的同时与烟气中的二氧化硫发生反应，生成亚硫酸钙，达到脱硫目的，半干式脱硫塔系统流程如图 7-2 所示。固体反应产物大部分从反应塔底部排出，脱硫后的烟气经除尘器、增压风机进入烟囱排放。反应塔底部排出的灰渣和除尘器收集的灰渣一部分送入再循环灰制浆池循环使用，大部分抛弃至灰场。

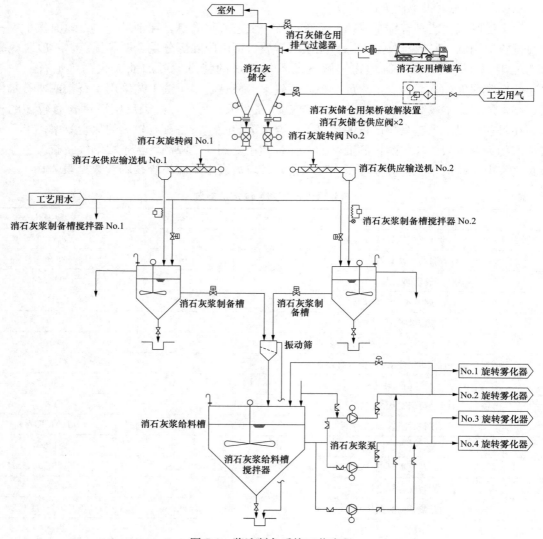

图 7-1 浆液制备系统工艺流程

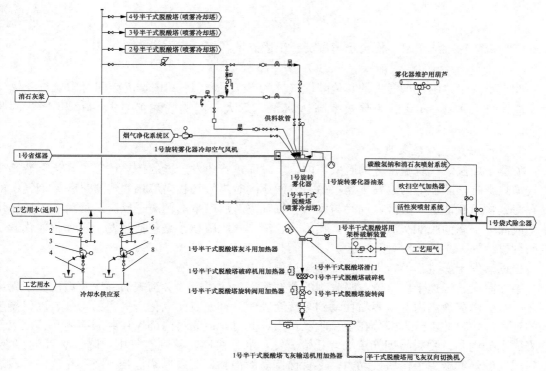

图 7-2 半干式脱酸塔系统流程

## 2. 半干法烟气脱硫化学反应过程

喷雾干燥工艺在反应塔内主要可分为四个阶段：①雾化（采用旋转雾化轮雾化或压力喷嘴雾化）；②吸收剂与烟气接触（混合流动）；③反应与干燥（气态污染物与吸收剂反应，同时蒸发干燥）；④干态物质从烟气中分离（包括塔内分离和塔外分离）。

半干法以生石灰为吸收剂，将生石灰制备成氢氧化钙浆液，或消化制成干式氢氧化钙粉，然后将氢氧化钙浆液或氢氧化钙粉喷入吸收塔，同时喷入调温增湿水。在反应塔内吸收剂与烟气混合接触，发生强烈的物理化学反应，一方面与烟气中二氧化硫反应生成亚硫酸钙；另一方面烟气冷却，吸收剂水分蒸发干燥，达到脱除二氧化硫的目的，同时获得固体粉状脱硫副产物。

半干法脱硫主要的化学反应如下：

（1）生石灰消化反应为

$$CaO(S) + H_2O \longrightarrow Ca(OH)_2 \text{ 或 } Ca(OH)_2(S) \longrightarrow Ca(OH)_2$$

（2）二氧化硫被雾滴吸收反应为

$$SO_2(g) + H_2O \longrightarrow H_2SO_3$$

（3）吸收剂与二氧化硫反应为

$$Ca(OH)_2 + H_2SO_3 \longrightarrow CaSO_3 + H_2O$$

（4）雾滴中亚硫酸钙过饱和和沉淀析出，即

$$CaSO_3 \longrightarrow CaSO_3(g)$$

（5）被氧气所氧化生成硫酸钙反应为

$$CaSO_3 + \frac{1}{2}O_2 \longrightarrow CaSO_4$$

（6）硫酸钙难溶于水，便会迅速沉淀析出固态硫酸钙，反应式为

$$CaSO_4 \longrightarrow CaSO_4(g)$$

在半干法工艺中，烟气中的其他酸性气体为 $SO_3$、HCl、HF 等也会同时与氢氧化钙发生反应，且 $SO_3$ 和 HCl 的脱除效率高达 95%，远大于湿法脱酸工艺中 $SO_3$ 和 HCl 的脱除率。

### 3. 半干法烟气脱硫物理过程

喷雾干燥法烟气脱硫工艺的脱酸塔内，一方面进行蒸发干燥的传热过程，雾化雾液滴受烟气加热影响不断在塔内蒸发干燥；另一方面还同时进行气相向液相的传质过程，烟气中的气态污染物不断地进入溶液，同时与脱酸吸收剂离解后产生的钙离子反应，最后在干燥作用下生成固体干态的脱酸灰渣。可见，喷雾干燥法烟气脱硫技术是包括蒸发干燥和脱酸化学反应两种过程的一次性连续处理工艺。

根据蒸发干燥过程的特点，整个干燥过程可以分为三个阶段。

第一阶段，恒速干燥阶段。吸收剂的蒸发速率大致恒定，雾滴表面温度及蒸汽分压保持不变。水分由雾液滴内部很容易移动到雾液滴表面，补充表面汽化所失去的水分，以保持表面的饱和。物料的水分大部分在第一阶段排出，此时，由物料内部迁移到表面的水分足以保持表面水分饱和，物料与烟气接触就开始蒸发，水分快速转移到空气中，降低烟气的湿度。空气湿度的降低减少了传质推动力，尽管保持表面饱和，蒸发速率也会下降。在这一阶段表面水分的存在为吸收剂与二氧化硫的反应创造了良好的条件，约 50% 的吸收反应发生在这一阶段，所需时间仅为 1～2s。由于此阶段进行速度极快，一般认为物料的干燥初始阶段属于恒速干燥阶段。

第二阶段，降速干燥阶段。水分移向表面的速率小于表面汽化的速率，表面含水量逐渐下降，此时 $SO_2$ 的吸收反应也逐渐减弱，降速干燥阶段可以维持较长的时间。

第三阶段，动平衡阶段。雾液滴表面温度接近烟气绝热饱和温度，烟气绝热饱和温度与塔内瞬时烟气平均温度之差决定雾粒的蒸发推动力，较高的烟气温度驱使雾液滴的快速蒸发。

### 4. 喷雾干燥工艺化学反应控制步骤

对于 $SO_2$ 吸收反应，由于干燥的三个过程中（即恒速干燥、降速干燥、动平衡阶段）物料中水分向表面迁移而减少，导致三个阶段水分含量成分结构特点不同，因此 $SO_2$ 的吸收反应也可以分为三个对应阶段。另外，在气液反应完成后还会继续进行气固反应（反应主要是在除尘器中发生），化学反应总共有四个反应阶段。

每个阶段脱硫反应的控制步骤如下：在恒速干燥阶段，雾液滴含水分充足，雾液滴为 $Ca(OH)_2$ 饱和液，有较高的 pH 值，反应速度主要是受 $SO_2$ 的气液相传质的影响，由于反应物的分子在液体中的扩散系数比在空气中小得多，因此主要受 $SO_2$ 液相传质的控制；降速干燥平衡阶段，雾液滴表面开始干燥，此时 pH 值下降，$Ca(OH)_2$ 的溶解即成为限制反应速度的因素；在动平衡阶段，蒸发基本停止，干燥过的颗粒内部带有少量剩余水分（动平衡时的剩余水分是反应的临界值），$Ca(OH)_2$ 继续溶解受到微滴中此部分剩余含水量的限制。在气固反应阶段，气相扩散不是整个反应的控制环节，浆滴干燥后其表面已经不是新鲜的石灰，而是 $CaSO_3$ 和 $CaSO_4$ 的混合物，因 $CaSO_3$ 和 $CaSO_4$ 的摩尔体积要比 $Ca(OH)_2$

大，$Ca(OH)_2$ 通过 $CaSO_3$ 和 $CaSO_4$ 灰层的扩散速率才是控制反应的关键步骤。

化学反应过程中，各个反应阶段很难截然分开，尤其是动平衡阶段和气固反应阶段，动平衡阶段主要是指温度不再下降时（此时固体含水率很低，约为 3%），溶解于水中的 $Ca(OH)_2$ 继续参加反应，而气固反应是由于对流作用，$Ca(OH)_2$ 扩散到固体颗粒表面后与烟气中的二氧化硫反应，两个反应完全有可能同时进行。

对于干燥过程的三个阶段，反应起控制作用的是液相传质：第一阶段为气相二氧化硫被悬浮雾液滴吸收；第二和第三阶段为 $Ca(OH)_2$ 在悬浮雾液滴中和喷雾干燥过的固体颗粒（含微量水分）中的溶解；对于气固反应阶段，反应主要受 $Ca(OH)_2$ 在固相中的扩散速率控制。

### 三、半干法烟气脱硫系统设备组成

半干法烟气脱硫系统主要由机械式旋转雾化器和石灰浆供应系统组成。

1. 机械式旋转雾化器

机械式旋转雾化器以 13 500rpm 的高速旋转，喷雾石灰浆与冷却水，由此生成 $40 \sim 50 \mu m$ 的微粒，机械式旋转雾化器工作原理如图 7-3 所示。另外，最大喷雾量按 10t/h 左右来设计，为十分可靠的设计。机械式旋转雾化器安装在半干式脱酸塔上部的分散器的支撑管上。

脱酸塔的结构
及工作过程

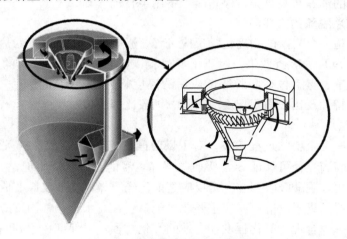

图 7-3　机械式旋转雾化器工作原理

为了监视运行中的异常，在旋转雾化器上设置振动计、油温计，当检测到异常振动时，将水洗消石灰管线；在油温 H 报警时，用冷却空气自动吹扫。因分散器的整流作用，在各种运行条件下，均可使内部的流体流动为最优，事先防止半干式脱酸塔的内壁上飞灰附着。

2. 石灰浆供应系统

为了去除有害气体，在消石灰料仓内储存消石灰，配制消石灰浆，向半干式脱酸塔供应石灰浆而设置本设备。为了确保设备的冗余性，设置了 2 个石灰浆调整罐。1 套消石灰浆供应装置，能够满足 4 台焚烧炉在 110%MCR 时的烟气净化所必要的消石灰使用量。

石灰浆供应系统各设备作用及工作过程如下：

（1）消石灰料仓。设置 1 座消石灰料仓，容量为 4 条线 7d 的运行使用量。消石灰槽罐车运来的消石灰经过管道储存在料仓内。在消石灰接收场地设有与槽罐车连接的软管。

在料仓的上方设置通风过滤器。在装填消石灰时，为了防止消石灰料仓内的空气压力升高，仓内空气通过装有过滤袋的排气管排到室外。为了从料仓的底部向各螺旋输送机排出消石灰，设置消石灰供应旋转阀。

（2）消石灰浆调整罐和搅拌器。通过重量传感器计量消石灰的同时向消石灰浆调整罐供应满足半干式烟气净化装置所需的量，向定量送到消石灰浆调整罐的消石灰供应规定比率的水。消石灰和水的供应设备及阀门由设置在消石灰浆调整罐的质量检测器控制启动和停止。在消石灰浆调整罐中调整好的消石灰浆，从罐的底部通过振动格栅送到消石灰供应罐。搅拌器用来保证石灰和水充分混合，完全熟化。

（3）振动格栅。振动格栅的作用是防止消石灰浆调整罐中没有被溶化的消石灰块进入消石灰供应罐，在振动格栅处仅使一定粒度以下的消石灰浆能够通过，防止消石灰供应罐或消石灰浆泵发生异常。

（4）消石灰供应罐。设置 1 台带搅拌器的消石灰供应罐。罐的容量为 4 条线 8h 的消耗量。供应罐的液位被测量，由 DCS 监视。消石灰浆由消石灰供应泵送到消石灰供应线，喷入半干式脱酸塔。未消耗的石灰浆通过循环管道回到供应罐。

（5）消石灰浆泵。消石灰浆泵的作用是输送石灰浆至反应塔中，设置 2 台消石灰浆供应泵（其中 1 台备用）。泵的启动/停止可由就地或远程操作，装有被供应罐的液位限制的连锁回路。在运行中的消石灰浆泵异常停止时，备用泵自动启动。

**四、影响 $SO_2$ 脱除的主要因素**

$SO_2$ 的吸收是一个复杂的物理化学反应过程，影响喷雾干燥过程的热量传递和质量传递的参数都会影响 $SO_2$ 的吸收效果。对于干燥过程，影响雾滴干燥时间的主要因素为烟气温度、雾液滴含水量、雾滴粒径和脱酸反应后的温度趋近绝热饱和温度。从化学反应角度分析，吸收剂反应特性及比表面积、反应时间、钙硫比等因素对反应过程有重要影响。

1. 雾滴粒径

雾滴粒径是一个重要的过程参数，对干燥时间和 $SO_2$ 吸收反应有关键影响。良好的雾化效果和极细的雾滴粒径可保证 $SO_2$ 吸收效率和雾滴的迅速干燥，但是，雾滴的粒径越小，干燥时间也就越短，脱酸吸收剂在完全反应之前已经干燥，气液反应变成气固反应，而喷雾干燥脱酸过程主要是离子反应，反应主要取决于是否存在水分，气固反应使脱酸效率达不到要求。因此存在一个合理的雾化程度和合适的雾化粒径，以保证在达到满意的脱酸反应之前雾液滴不至于干涸。

2. 接触时间

烟气和脱酸剂的接触时间对脱酸效果有很大影响，反应物间的充分接触有利于脱酸，各种脱酸技术都设法延长脱酸剂和烟气的接触时间，以提高脱酸效率。在喷雾干燥法脱酸技术中，以烟气在塔内停留时间来衡量烟气与脱酸剂的接触时间，烟气在塔内停留时间主要取决于石灰浆雾液滴的蒸发干燥时间，一般为 10～12s；对应的烟气流速称为空塔流速，在实际设计脱酸塔时，烟气空塔流速是一个重要设计参数，降低烟气流速即延长烟气在塔内的停留时间，有利于提高脱酸效率。

在脱酸塔内，通过控制进入塔的水量确定了烟气近绝热饱和温度差后，当烟气温度与烟气绝热饱和温度之差达到了接近绝热饱和温度差时，继续延长烟气停留时间只是增加了雾液滴干燥后的气固反应，这一阶段脱酸塔内的反应本来就对脱酸效率贡献较小，而停留时间越长，脱酸塔的尺寸就越大，建设成本将增加。可见，从控制工程造价的角度出发，烟气在塔内的停留时间应有一个最佳值。

3. 钙硫比

钙硫比是影响脱酸效率的一个重要因素，由于脱酸反应过程中，脱酸剂不可能百分之百和 $SO_2$ 发生反应，因此钙硫比一般都大于1。通常钙硫比越大，脱酸效率越高。对于半干法而言，多数文献确定的钙硫比范围在 1.2～2.0。

4. 脱酸吸收剂的反应性能

石灰浆的反应性能在很大程度上取决于石灰石产地、研磨细度和熟石灰的消化特性。一般而言，研磨细度越细，在同样的入口烟气 $SO_2$ 浓度和钙硫比的条件下，脱酸效率越高。

5. 脱酸塔出口烟气温度（近绝热饱和温度差）

脱酸塔出口烟气温度对脱酸效率的影响，又可表示为近绝热饱和温度差对脱酸率的影响。近绝热饱和温度差为脱酸塔出口烟气温度与烟气绝热饱和温度之差，这个参数用来衡量烟气接近绝热饱和温度的程度。近绝热饱和温度差越小，烟气湿度越大，剩余脱酸剂内部所含的水分越高，脱酸效果越好；近绝热饱和温度不能太低，否则会造成堵塞和严重腐蚀。因此在选取运行的近绝热饱和温度差必须综合考虑。一般情况下，近绝热饱和温度差为 10～25℃。

6. 入口二氧化硫浓度

一般认为，在其他条件不变情况下，脱酸塔入口烟气 $SO_2$ 浓度增加，系统脱酸率将会有所提高。

7. 烟气入口温度

入口烟气温度提高，需要喷入水量增加，而雾液滴粒径不变，则雾液滴的个数增加，反应表面积增加，将提高脱酸率。但是，入口烟气温度也不能过高，尤其是当烟气中 $SO_2$ 浓度较大、石灰浆液浓度较高时，过高的烟气温度会使水分快速蒸发，一开始水分的迁移率就不能保持雾滴表面湿润，雾滴表面很快形成干燥层，干燥层严重阻碍了水分的传递，使水分停留在雾滴内部，气液反应就变成了气固反应，降低反应速率，对 $SO_2$ 去除不利。

# 第二节　烟　气　脱　硝

锅炉燃烧会产生大量氮氧化物，如果直接对外排放会造成大气环境污染。根据 $NO_x$ 的产生机理，$NO_x$ 的控制主要有燃烧前脱硝、燃烧中脱硝和烟气脱硝技术三种方法。燃烧前脱硝（氮）技术至今尚未很好开发，是今后深入研究的方向；燃烧中脱硝主要是采用低 $NO_x$ 燃烧技术，合理控制炉膛温度，减少 $NO_x$ 的生产；垃圾焚烧发电厂常用的烟气脱硝技术主要有选择性非催化还原法（selective non-catalytic reduction，SNCR）和选择性催化还原法（selective catalytic reduction，SCR）两种。

## 一、SNCR 系统

### （一）SNCR 系统工作原理

SNCR 选择性非催化还原是指在无催化剂的作用下，在适合脱硝反应的"温度窗口"内喷入还原剂将烟气中的 $NO_x$ 还原为无害的 $N_2$ 和 $H_2O$，可有效地减少垃圾焚烧发电厂 $NO_x$ 的排放量。SNCR 工艺是以 35% 尿素（或氨水）溶液为还原剂，将尿素（氨水）溶液喷入焚烧炉燃烧后的烟气中，在最佳的温度（850～1050℃）下与烟气中的氮 $NO_x$ 反应，生成 $N_2$ 和 $H_2O$，正

SNCR 脱硝原理

常情况下 SNCR 脱硝效率一般可达到 35%。

氨水作为还原剂脱硝时的反应机理为

$$4NO + 4NH_3 + O_2 \longrightarrow 4N_2 + 6H_2O$$

尿素作为还原剂脱硝的反应机理为

$$CO(NH_2)_2 + 2H_2O \longrightarrow 2NH_3 + CO_2$$

$$4NO + 4NH_3 + O_2 \longrightarrow 4N_2 + 6H_2O$$

尿素作为还原剂同时会发生以下反应

$$CO(NH_2)_2 \longrightarrow HNCO(生成强腐蚀异氰酸)$$

$$HNCO + NO \longrightarrow N_2O(尿素降解生成笑气)$$

尿素溶液和氨水物理性质对比见表 7-2。

**表 7-2** 尿素溶液和氨水物理性质对比

| 项 目 | 尿 素 | 氨 水 |
|---|---|---|
| 分子式 | $CO(NH_2)_2$ | $NH_3$ |
| 还原剂分子量 | 60.06 | 17.03 |
| 常温下物态 | 固体 | 液体 |
| SNCR 系统所需配制质量浓度 | 35%～50% | 25% |
| 市场供货状态 | 粉状或粒状 | 20%～30%溶液 |
| 纯物质熔点 | 132.7℃ | −55℃ |
| 25℃饱和蒸汽压力 | <6.8kPa | 46kPa |
| 常压下沸点 | 分解 | 38℃ |
| 溶液结晶温度 | 17.7℃ | N/A |
| 空气中的爆炸极限 | 不可燃 | 爆炸极限 15%～28% |
| 健康的影响浓度限值 | N/A | 25mg/kg |
| 气味 | 轻微氨味 | >5μg/g 后有非常刺激的气味 |
| 储存和输送可用材质 | 塑料、碳钢或不锈钢（不能有铜、铜合金或锌/铝等金属） | 不锈钢（不能有铜或铜合金等） |
| 氨逃逸率 | 较高 | 较少 |
| 脱硝效率 | 较低 | 较高 |
| 反应温度要求 | 较高 | 较低 |
| 安全性 | 无害 | 有害 |
| 初投资费用 | 较高 | 低 |
| 脱硝效率 | 较低 | 较高 |
| 反应温度要求 | 较高 | 较低 |
| 副作用 | 产生 $N_2O$、异氰酸，腐蚀炉管 | / |
| 设备安全要求 | 基本不需要 | 需要 |

**（二）SNCR 系统流程**

以某电厂为例，以氨水作为脱硝还原剂。将氨水原液储罐的氨水，在锅炉第一烟道喷射一定浓度的氨水溶液，将烟气中的氮氧化物浓度从锅炉入口的设计值 300mg/m³ 被分解到

省煤器出口 $200mg/m^3$ 之下。所需的氨水通过喷嘴被喷进炉内。氨水溶液供应泵根据省煤器出口的 $NO_x$ 浓度供应最合适的氨水量，氨水流量通过 DCS 的演算输出，由变频器控制。稀释水供应泵是为了用除盐水（或软水）稀释氨水溶液而设置的。由氨水溶液供应泵送来的氨水溶液与稀释水汇合，再由氨水溶液管线送到氨水溶液喷射喷嘴。每台焚烧炉设置 14 个/层×3 层氨水溶液喷雾喷嘴。通过设计，使 14 根喷雾喷嘴覆盖锅炉第一烟道平面，SNCR 脱硝系统流程如图 7-4 所示。

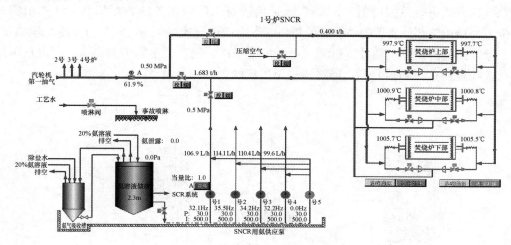

图 7-4　SNCR 脱硝系统流程

**（三）SNCR 系统设备组成**

SNCR 系统主要由氨水溶液储存设备、氨水溶液供应泵、稀释水供应泵、氨水溶液喷雾喷嘴、控制和管理系统等部分组成。

1. 氨水溶液储存设备

系统设置 1 座氨水溶液储存罐供 SNCR 系统和 SCR 系统使用。用于储存 20% 的氨水溶液。储罐的容量是 7d 的使用量。储罐的附近设有氨气泄漏探测器，当空气中的氨气浓度达到警戒线时会报警，通过喷水吸收氨气，降低空气中的氨气浓度。为了防止喷水后的含有氨的水向四周流溢，设置防液堤。

2. 氨水溶液供应泵

氨水溶液供应泵采用定量泵。设置 5 台氨水溶液供应泵，其中 4 台常用，1 台备用。每台氨水溶液供应泵向 1 座焚烧炉供应 20% 的氨水。DCS 根据省煤器出口的 $NO_x$ 浓度，自动控制氨水溶液的流量，使之最为适宜。

3. 稀释水供应泵

稀释水供应泵采用涡流泵。设有 2 台稀释水供应泵，供应除盐水（或软水）将 20% 的氨水溶液稀释到 5% 以下。稀释水泵 1 台运行，1 台备用。

4. 氨水溶液喷雾喷嘴

氨水溶液喷雾喷嘴每炉设置 14 根/层、共 3 层，合计 42 根氨水溶液喷雾喷嘴。为了降低 $NO_x$，被稀释的氨水溶液喷雾到锅炉的第一烟道。

氨水喷雾喷嘴在锅炉第一烟道的 3 层中各设置 14 根,根据设置在第一烟道内的温度计的测量值,控制最适合脱硝反应温度区域内那层的氨水供应阀,喷雾氨水溶液,提高脱硝效率。为了防止氨水溶液喷嘴烧坏,不喷氨水那层的喷嘴喷雾稀释水用于冷却。

5. 控制和管理系统

控制和管理模块,用来调整、管理、监测整个工艺的完成。该单元有一个 PLC 系统和一个就地操作面板。PLC 系统装入了全自动的控制程序,可以和整个系统的所有单元通过现场总线的方式进行数据通信。PLC 系统采集所有工厂内相关的数据信息,计算出实时的混合配方,给出工艺所要求的喷射量,并和操作面板进行连接,SNCR 自动控制原理如图 7-5 所示。操作面板由一个工业计算机和一个触摸屏组成,配置了多幅工艺界面,可进行就地的操作和监控,所选择的信号和功能将传送至工厂的主操作系统。

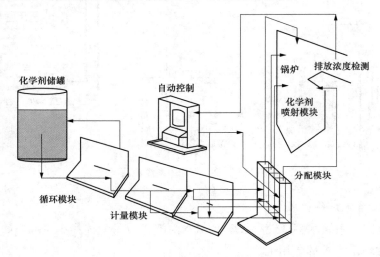

图 7-5　SNCR 自动控制原理

**(四) 影响 SNCR 脱硝效率因素**

影响 SNCR 脱硝效率的三个主要因素是反应温度、还原剂与烟气的混合程度和停留时间。

1. 反应温度

SNCR 脱硝反应在一个特定的温度范围内进行,最佳的温度为 $850\sim1050℃$,如果温度太低,会导致 $NH_3$ 反应不完全,形成所谓的"氨穿透",增大 $NH_3$ 逸出的量,形成二次污染。随着温度升高,分子运动速度加快,氨水的蒸发与扩散过程得到加强,对于 SNCR 脱硝反应而言,当温度上升到 800℃ 以上时,化学反应速率明显加快,在 900℃ 左右时,NO 的消减率达到最大。随着温度的继续升高,超过 1200℃ 后,$NH_3$ 与 $O_2$ 的氧化反应会加剧,生成 $N_2$、$N_2O$ 或者 NO,增大烟气中 $NO_x$ 浓度,脱硝效率反而下降。

2. 还原剂与烟气的混合程度

还原剂与烟气的混合程度决定了反应的进程和速度,还原剂和烟气在炉内是边混合边反应,混合的效果直接决定了脱硝效率的高低。SNCR 脱硝效率低的主要问题之一就是混合问题。例如,局部的 $NO_x$ 浓度过高,不能被还原剂还原,导致脱硝效率低;局部的 $NO_x$ 浓度过低，还原剂未全部发生还原反应，导致还原剂利用率低，还增加氨逃逸。因此，还原剂与烟气的混合程度直接影响脱硝效果。

3. 停留时间

在合适的温度范围内必须保证还原剂在烟气中有足够的停留时间。在相同条件下，停留时间长，脱硝效果好。通过实验表明，停留时间从 100ms 升至 500ms，$NO_x$ 还原率可从 60% 升至 83% 左右。$NH_3$ 或尿素等还原剂与烟气的混合、水的蒸发、还原剂的分解和 $NO_x$ 的还原等步骤需全部完成，一般要求时间为 0.5s，而雾化状的氨在炉内的停留时间的长短，取决于分解炉的尺寸、烟气流经分解炉的速度、溶液雾化状况、雾场与烟气混合的形式等因素。

**二、SCR 脱硝系统**

**（一）SCR 系统工作原理**

SCR 选择性催化剂还原是利用氨气作为脱硝剂，在烟气温度 200～400℃ 范围内（取决于脱硝剂种类与烟气成分），在一定 $O_2$ 含量的条件下，烟气通过 $TiO_2$-$WO_3$-$V_2O_5$ 等催化剂层，与喷入的氨气进行选择性反应，生成无害的 $N_2$ 和 $H_2O$，从而去除烟气中的 $NO_x$，由于烟气中氯化氢与硫氧化物可能造成催化剂活性降低及粒状物堆积于催化剂床，易造成堵塞，因此，脱硝反应塔多设置在脱酸与除尘设备之后。在催化剂反应塔中的脱硝反应与 SNCR 系统相同，反应方程为

SCR 脱硝原理

$$4NO + 4NH_3 + O_2 \longrightarrow 4N_2 + 6H_2O$$

SNCR 装置有把 $NO_x$ 从 300mg/m³ 降到 200mg/m³ 的能力，而 SCR 系统有把 $NO_x$ 从 200mg/m³ 降到 65mg/m³ 的能力。因此，SNCR 和 SCR 合计有 77% 以上的脱硝率。

**（二）SCR 系统工艺流程**

在被半干法反应塔＋布袋除尘器去除有害气体和颗粒物后，布袋除尘器出口的烟温约为 145℃，需要升温到催化剂脱硝所需的合适的温度（220℃以上）。SCR 脱硝系统工艺流程如图 7-6 所示。

SCR 脱硝系统

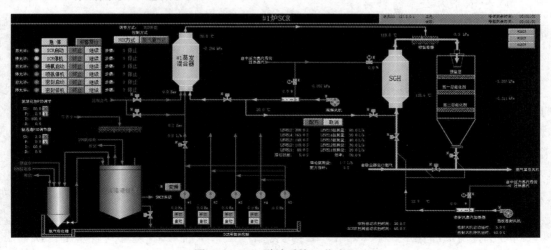

图 7-6　SCR 脱硝系统工艺流程

（三）SCR系统设备组成

SCR系统主要由烟气再加热器、催化剂反应塔、SCR用氨水溶液供应泵、氨水稀释空气风机、氨水稀释空气加热器、氨水溶液气化装置等设备组成。

1. 烟气再加热器

烟气再加热系统是把从布袋除尘器出口来的烟气加热到适合于下游的SCR系统的脱硝反应温度的加热装置。利用过热蒸汽作为热源，把布袋除尘器出口排出的约145℃的烟气加热到最适合于催化剂脱硝反应的220℃，提高催化剂脱硝反应效率。烟气再加热器采用裸管式受热管，颗粒物不易附着，可避免因积灰导致的再加热器热交换效率降低。

2. 催化剂反应塔

催化剂由2+1层构成，即2层催化剂装填层加1层催化剂预留层。反应器第一次运行时只填装2层催化剂，当运行一段时间后催化剂的活性降低至设计值时再填装预留层。以后再根据活性衰减的情况逐层更换，采取这样的更换措施可以有效延长催化剂的寿命。催化剂采用蜂窝式结构，主要化学成分为$TiO_2$、$V_2O_5$和$WO_3$。

3. SCR用氨水溶液供应泵

SCR用氨水溶液供应泵使用膜式泵。为了控制烟囱出口的$NO_x$浓度，氨水溶液流量由DCS演算处理，自动控制在最合适的流量。

4. 氨水稀释空气风机

氨水稀释空气风机用于向氨水溶液气化装置供应使氨水溶液气化的空气，氨水稀释空气利用锅炉房的空气，为了抑制吸入颗粒物，在风机吸入口设置过滤器。

5. 氨水稀释空气加热器

氨水稀释空气加热器是把喷入氨水溶液气化装置的稀释空气加热到180℃的设备。热源采用过热蒸汽。

6. 氨水溶液气化装置

氨水溶液气化装置是使氨水溶液与加热后的稀释空气混合、利用稀释空气的热量使氨水溶液中的水分蒸发而产生140℃的氨气，并把氨气喷入催化剂反应塔的容器。

（四）SCR脱硝效率的影响因素

在SCR脱硝工艺中，影响脱硝效率的主要因素是反应温度、$NH_3/NO_x$摩尔比、接触时间等。

1. 反应温度的影响

以催化剂的材质$TiO_2$-$WO_3$-$V_2O_5$为例，当反应温度在200～310℃时，随着反应温度的升高，$NO_x$脱除效率快速增加。当温度大于310℃时，随着反应温度的升高，$NO_x$脱除效率逐渐下降。所以机组在SCR前设置了SGH，用来提高烟气温度，使烟气温度在适合脱硝反应的温度范围内。

2. $NH_3/NO_x$摩尔比对脱硝效率及氨逃逸率的影响

通过试验表明，在一定范围内$NO_x$脱除效率随着$NH_3/NO_x$摩尔比的增加而增加。如果$NH_3$投入量超过需要量，$NH_3$氧化等副反应的反应速率将增大，从而导致脱硝效率降低，同时也会增加净化烟气中未转化$NH_3$的排放浓度，从而带来$NH_3$对环境的二次污染，一般$NH_3/NO_x$摩尔比控制在1.2以下。

### 3. 接触时间

通过试验表明，脱硝效率随反应气体与催化剂接触时间的增加而迅速提高，接触时间增至 200ms 左右时，脱硝效率达到最大值，随着接触时间的进一步增加，脱硝效率反而下降。这主要是由于反应气体与催化剂的接触时间增加，有利于反应气体在催化剂微孔内的扩散、吸附、反应和产物气的解吸、扩散，从而使脱硝效率提高；若接触时间过长，$NH_3$ 氧化反应开始发生，将导致脱硝效率下降。

## 第三节　二噁英及重金属控制

### 一、二噁英的形成

生活垃圾焚烧烟气中的二噁英是近几年来世界各国所普遍关心的问题。二噁英类剧毒物质对环境造成很大危害，有效控制二噁英类物质的产生与扩散，直接关系到垃圾焚烧及垃圾发电技术的推广和应用。日常生活所用的胶袋，PVC（聚氯乙烯）软胶等物都含有氯，燃烧这些物品时便会释放出二噁英，悬浮于空气中，二噁英除了具有致癌毒性以外，还具有生殖毒性和遗传毒性，直接危害子孙后代的健康和生活。在废弃物焚烧过程中，二噁英的产生主要来自废弃物成分、炉内形成、炉内外低温再合成三方面。二噁英在焚烧炉内生成的来源是石油产品、含氯塑料，它们是二噁英的前体，生成方式主要是燃烧生成。

### 1. 废弃物成分

以一般城市生活垃圾为例，其成分相当复杂，加上普遍使用杀虫剂、除草剂、防腐剂甚至农药及喷漆等有机溶剂，在垃圾中即可能含有二噁英等物质。

### 2. 炉内形成

废弃物的化学成分中 C、H、O、N、S、Cl 等元素，在焚烧过程中可能先形成部分不完全燃烧的碳氢化合物（$C_mH_n$），当 $C_mH_n$ 因炉内燃烧状况不良（如氧气不足，缺少充分混合以及炉内温度太低等因素）而没有及时分解为二氧化碳和水时，可能与废弃物或废气中的氯化物（如氯化钠、氯化氢、氯气）结合形成 PCDDs/PCDFs 氯苯及氯酚等物质。其中氯苯及氯酚的破坏分解温度较 PCDDs/PCDFs 高出 100℃ 左右，若炉内燃烧状况不良，尤其在二次燃烧段内混合程度不够或停留时间太短，更不易除去，因此，可能成为炉外低温再合成 PCDDs/PCDFs 的前驱物质。

### 3. 炉内外低温再合成

由于完全燃烧并不容易达成，氯苯及氯酚等先驱物质随废气自燃烧室排出后，可能由废气中飞灰的碳元素所吸附，并在特定的温度范围（250～400℃，300℃时最显著），在飞灰颗粒所形成活性接触面上，被金属氯化物（氯化铜及氯化亚铁）催化反应生成 PCDDs/PCDFs。此种再合成反应的发生，除了须具备前述特定范围内由飞灰中提供的碳元素、催化物质、活性接触面及前驱物质外，废气中充分的含氧量、重金属含量与水分含量也扮演着再合成的重要角色。在典型的垃圾焚烧发电厂中，多采用过氧燃烧，在垃圾中的水分含量较其他燃料高，重金属物质经燃烧挥发后多凝结在飞灰上，废气中也有大量的 HCl 气体，故正巧提供了符合 PCDDs/PCDFs 再合成的环境，而此种再合成反应为焚烧废气中产生 PCDDs/PCDFs 的主要原因之一。

## 二、二噁英的形成控制技术

从源头上抑制二噁英合成是控制二噁英排放的根本，可以采取多方面措施来抑制二噁英在燃烧区以及燃烧后的合成，其中包括：从燃烧运行参数的优化、焚烧炉结构的改进、炉内投入抑制剂、快速降温、清除管道、换热面积灰等。

### 1. 燃烧运行参数的优化

通过对数个垃圾焚烧设施运行参数（炉内 $O_2$、CO、HCl、$SO_2$、炉温、飞灰、铜的浓度）与二噁英浓度检测，得出相关性研究结果。不同的测试条件得到的结论不一致甚至矛盾。结果呈现出的多样性与矛盾性特征，可以从二噁英形成过程的复杂性上来解释，通常认为二噁英是多段合成的（前驱物在燃烧区产生，二噁英在燃烧区后部形成），由于多种反应物与催化剂参加反应，表现上述特征。很有可能由于炉型的差异，导致在运行参数与二噁英浓度关系之间存在差异，因此，针对每种特定炉型结构，调整相应的运行参数来抑制燃烧中二噁英形成，是值得探索的研究方向。

### 2. 焚烧炉结构的改进

良好燃烧条件是改善焚烧炉结构遵循的原则，即通常称之为"3T"原则：燃烧温度保持在850℃以上（temperature），二次布风时燃烧区形成充分湍流（turbulence），在高温区停留时间大于2s（time）。一般而言，结构上满足三条原则，燃烧就会完全，相应地会从焚烧区减少不完全燃烧生成的二噁英前驱物和二噁英。

### 3. 炉内投加抑制剂

研究表明共有三大类无机或有机化合物用来抑制二噁英生成。第一类为硫及含硫化合物，第二类为氮化物，第三类为碱性化合物。

### 4. 快速降温对二噁英形成的影响

资料表明，烟气从焚烧炉排出后，经过降温段，二噁英会显著合成，200~500℃是一个合成反应最活跃的温度区间，大约在300℃时出现最大的合成速率。因此，缩短烟气在此温度范围内的停留时间，二噁英的产生量势必减少。实验表明，烟气必须以尽可能快的速度将温度降低到260℃以下，才可以对二噁英形成起到较好的抑制效果。

## 三、活性炭吸附技术

活性炭作为吸附剂可吸附汞等重金属及二噁英、呋喃等污染物。烟气在进入布袋除尘器前，喷入活性炭，吸附后的活性炭在布袋除尘器中和其他粉尘一起被捕集下来，这样烟气中的有害物浓度就可得到更严格的控制，能满足重金属及有机物污染的排放要求。

### 1. 活性炭系统作用

活性炭具有巨大的表面积及良好的吸附性，不仅能吸附固态的二噁英颗粒，而且能将气态二噁英组分凝固吸收，活性炭还可吸附汞等重金属及呋喃等污染物。目前烟气净化系统通常在除尘器前段管道中注入活性炭粉末来吸附烟气中的二噁英，在下游被除尘器捕集。吸附后的活性炭在布袋除尘器中和其他粉尘一起被捕集下来，这样烟气中的有害物浓度就可得到更严格的控制。

### 2. 活性炭喷射系统工艺流程

活性炭喷射装置有一个活性炭储仓，在仓底内装有搅拌装置，储仓底部出口有出料螺旋，通过调节其转速来控制活性炭给料斗中料位。活性炭给料斗也装有搅拌装置，料斗出口对应出料螺旋，随后经过旋转出料阀，由喷射风机向除尘器入口段喷射活性炭。

粉状活性炭被喷射到半干式反应塔与布袋除尘器之间的烟气管道中，供喷射的粉状活性炭从其储仓采用气力方式定量供应，从插在烟气管道内的开口配管中喷出。随后，烟气被引入布袋除尘器内。活性炭吸附作用主要在布袋除尘器滤袋上进行。

3. 活性炭系统设备组成

活性炭系统主要由活性炭料仓、活性炭供应装置、活性炭喷射设备、活性炭流量测量用探测器等组成。

（1）活性炭料仓。系统设置 1 座活性炭料仓，料仓容量为 4 条线运行 7d 所需的容量。通过活性炭上料用真空泵将活性炭装入料仓。设置活性炭料仓用通气过滤器，在向料仓装入活性炭时启动风机，防止活性炭的飞散。装入作业结束后，布袋除尘器由脉冲空气自动过滤，过滤后的排气被排放到大气。为了防止活性炭的溢出以及满足供应的要求，用料位开关监视储存容量。

活性炭储存在密封的料仓内。活性炭可用氮气充填，设有通风过滤器。监视料仓内的活性炭发热，可通过温度上升信号自动停止活性炭的供应，为了注入不活跃气体而设置氮气瓶。另外，设置振动式架桥破解装置破除料仓内的架桥。

（2）活性炭供应设备。在活性炭料仓底部设置具有 4 个排出口的气压输送方式的活性炭供应装置。在每个排出口设置旋转给料的出料装置，通过低浓度气压输送连续地向活性炭喷射管道中定量供应。活性炭的供应量与烟气流量成比例，由 DCS 演算供应量（SV 值）和设置在喷射管道中的流量计的测量值（PV 值）的偏差得出的数值在 DCS 中进行 PID 控制计算，以 DCS 计算后的输出来进行变频控制，通过出料装置旋转次数的增减来控制供应粉体流量。变频器输出控制，通过重量传感器实现正确的计量。

（3）活性炭喷射设备。供应足够量的活性炭由活性炭供应风机提供的空气进行运载，通过活性炭喷射器切实喷入布袋除尘器入口前的烟道。当供应管道堵塞时，设置在活性炭供应管道中的压力开关可以检测到。

（4）活性炭流量测量用探测器。在空气输送管道中设置粉体流量测量用的特殊探测器（微波方式或静电感应式），以该探测器测量出的活性炭流量（kg/h）为基础，控制供应装置的变频器，进行合适的喷射。

微波方式探测器是高精度检测密度和流速的方式，静电感应式探测器是非接触性检测出管道内移动的带电粒子的电荷移动的方式。该探测器除用于消石灰、活性炭的药剂喷射装置的喷射量监视、控制等之外，也可用于监视管道堵塞、布袋除尘器滤袋泄漏的早期发现，是可靠性很高的仪表。

## 第四节　烟　气　除　尘

### 一、布袋除尘器的作用及工作原理

布袋除尘器是垃圾焚烧发电厂烟气处理系统的关键设备之一。布袋除尘器的功能有两方面：一方面，在进口处分离烟气中的灰尘和固体颗粒，在出口处将无尘的干净气体排出；另一方面，滤袋上黏附的粉尘中含有石灰浆和活性炭，因此可以延续中和反应和吸附粉尘中的有害物。这在脱酸反应塔中的喷雾器关闭后的较短时间里显得尤其重要，中和反应将在滤袋上的粉尘上继续进行。同时，布袋材质的温度等级能够适应在反应塔喷雾器关闭时和烟气冷却中断这段较短时间内的温度变化状况。

　　布袋除尘器工作原理如图 7-7 所示。含尘烟气进入中箱体下部，在挡风板形成的预分离室内，大颗粒粉尘因惯性作用落入灰斗，烟气沿挡风板向上到达滤袋，粉尘被阻留在滤袋外面，干净烟气进入袋内，并经袋口和上箱体由排风口排出。滤袋表面的粉尘不断增加，导致压力降不断增加。在压力降增加到一设定值时，自动控制系统发出信号，控制喷吹系统开始工作。压缩空气从稳压气包按顺序经脉冲阀和喷吹管上的喷嘴向滤袋内喷射，滤袋因此而急剧膨胀，在产生的加速度和反向气流的作用下，附于袋外的粉尘脱离并落入灰斗，粉尘由卸灰阀排出。

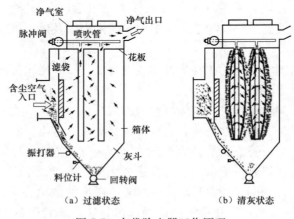

图 7-7　布袋除尘器工作原理

## 二、烟气除尘系统工艺流程及技术规范

　　烟气除尘系统包含除尘器本体、收集灰渣的灰斗以及卸灰阀等部分。除尘器为布袋除尘器，布袋除尘器有 2×3 个平行的独立的小室，有共用的进气管道和出口管道。每两个小室分别连接有一个灰斗和一个进气阀门，并且每个小室分别用一个阀门连接在共用的出口管道上。烟气在经反应塔中冷却以及石灰浆、活性炭吸附处理后，由反应塔出口进入除尘器各室共用的进口管道里。每个小室都有垂直悬挂的一定数量的滤袋，以保证来自反应塔的烟气以允许的流速通过除尘器。烟气由布袋的外部穿过滤袋进入布袋的内部，将粉尘隔离在布袋外部，在布袋外部形成一饼块状粉尘层。在这种情形下，可以延续反应塔的中和反应以及活性炭对有害物质的吸附。净化后的烟气由共用的出口管道与引风机连接，通过烟囱排出。烟气除尘系统设备技术参数见表 7-3。

表 7-3　　　　　　　　　　　　　　烟气除尘系统设备技术参数

| 项目 | 单位 | 技术参数 |
| --- | --- | --- |
| 额定风温 | ℃ | 150 |
| 布袋除尘器出口烟气最高温度 | ℃ | 140 |
| 设计入口风量 | m³/h | 128 560 |
| 仓室个数（每台除尘器） | 个 | 6 |
| 滤袋数量（每台除尘器） | 个 | 1440 |
| 滤袋材质 | | 100％PTFE 针刺毡覆 PTFE 膜的防酸性滤料 |

续表

| 项目 | 单位 | 技术参数 |
|---|---|---|
| 每隔仓滤袋行数 | — | 16 |
| 滤袋规格（直径×长度） | m | 0.15×6 |
| 每排之间的间距 | mm | 240 |
| 滤袋之间的间距 | mm | 90 |
| 每个滤袋过滤面积 | $m^2$ | 2.82 |
| 总过滤面积（6个箱体） | $m^2$ | 4060 |
| 过滤风速 | m/min | 0.73m/min（MCR） |
| 滤袋寿命 | 年 | ＞3 |
| 龙骨材质 | | 碳钢镀有机硅 |
| 清灰方式 | | 在线脉冲反吹式 |
| 清灰压缩空气压力 | MPa(g) | 0.6 |
| 清灰频率控制 | | 布袋除尘器的压降 |
| 通过除尘器的压降 | Pa | ＜1500 |
| 机械设计压力 | Pa | −6000 |
| 外壳材料/厚度 | mm | （Q235B）≥6 |
| 最大漏风率 | %入口流量 | 2 |
| 外壳保温厚度 | mm | ＞150 |
| 最低外壳温度 | ℃ | 145 |

### 三、除尘系统设备组成

除尘系统由布袋除尘器本体、外壳、滤袋及滤袋笼、布袋除尘器清洁设备（脉冲喷气清扫设备）、布袋除尘器下部灰斗用振动器、热风循环设备（热风循环空气加热器、热风循环风机）、布袋除尘器下部灰斗用电加热器、布袋除尘器飞灰排出用旋转卸灰阀、挡板、阀门、仪表类等组成，布袋除尘器结构如图7-8所示。

布袋除尘器

1. 布袋除尘器本体及滤袋

为确保消石灰、活性炭和碳酸氢钠有足够的时间与烟气中的有害气体反应，布袋除尘器的过滤风速设计为 MCR 时 6 仓室运行时 0.8m/min 以下。为保证即使滤袋在检修、维护时焚烧炉也能继续运行，布袋除尘器采用 6 仓结构。在滤袋的运行初期附着层上会形成颗粒物堆积层。颗粒物堆积层中含有大量的未反应消石灰，可以对烟气中的有害酸性气体发挥高效率的去除效果。酸性气体的去除反应不仅在半干式脱酸塔内进行，也在滤袋上的颗粒物堆积层进行，从而达到较高的去除率。烟气由滤袋外侧向内侧通过时，烟气被滤袋上的颗粒物堆积层净化，净化后的烟气则通过滤袋支撑板上方的空间排出。

滤袋材质采用 PTFE，表面通过 PTFE 覆膜加工，提高颗粒物的剥离性和捕获性，布袋除尘器滤袋如图7-9所示。

2. 脉冲清洁装置

滤袋的清洁是利用脉冲空气将粉尘抖落达到清扫的目的。这套清洁装置由压缩空气分管

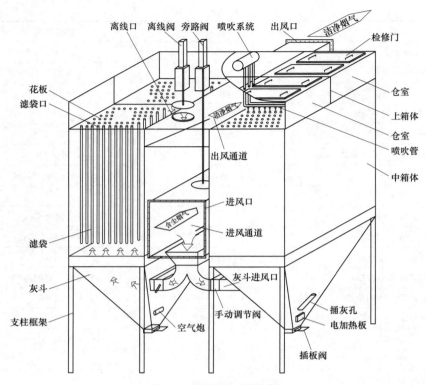

图 7-8　布袋除尘器结构

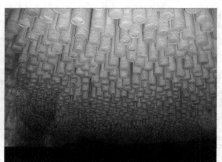

● 布袋由袋笼支撑，悬挂于花孔板上

图 7-9　布袋除尘器滤袋

道和电磁阀等组成，脉冲清灰装置如图 7-10 所示。滤袋在清洁过程中，在维持烟气净化系统的功能基础上，一次一仓地进行清扫。

　　脉冲清洁装置监视布袋除尘器的压差，自动控制。设有在线脉冲清扫和离线脉冲清扫方式，在线清洁模式时，可以选择是"单室"还是"分布式"清洁。

　　"单室"清洁时，下一排清洁即是同一个室的下一排，这样直到本小室的最后一排。在本小室的最后一排清洁完成后，则下一个小室的第一排开始清洁。"分布"清洁时，下一排清洁即是下一个小室的同一排，直到最后一个小室。在最后一个小室结束后，则第一个小室

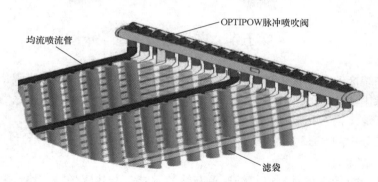

图 7-10 脉冲清灰装置

的下一排开始进行清洁。

在正常运行时，利用布袋除尘器压差自动控制脉冲喷气清扫系统，也可以用定时器来设定清扫作业的周期。

一旦滤袋破损，设置在烟囱上的颗粒物浓度计的数值上升，系统报警。在滤袋堵塞时，布袋除尘器压差计的数值上升，系统也会报警。报警时可以关闭发生异常的仓室，继续运行焚烧炉。

3. 布袋除尘器飞灰运出装置

被清灰的颗粒物由设置在灰斗下部的旋转卸灰阀排出，导入设置在下游的布袋除尘器飞灰输送机。每台输送机运送 3 个灰斗的飞灰，1 台布袋除尘器设置 2 台输送机。灰斗中可以储存 12h 连续运行的飞灰量。另外，为了维持飞灰的稳定排出，设置布袋除尘器下部灰斗用振动器和电伴热器。灰斗发生架桥时，可以通过灰斗料位计检测。同时飞灰堆积会引起温度上升，因此可以由灰斗电伴热器的温度控制器或就地温度计确认温度的异常升高，由此预测架桥。在灰斗的旋转出灰阀的上面设置维修用气动插板阀。

4. 热风循环设备和灰斗电伴热

为了防止因结露而引起的布袋除尘器本体和管道的腐蚀，在焚烧炉启动和停运，以及停机期间，布袋除尘器需要用热风循环加热暖机将箱体温度加热到 130℃，方能处理烟气。预热系统包括循环风机、电加热器以及连接各小室的热空气流通管道。通过控制各小室的进口阀门开启/关闭分别形成各小室的热空气封闭回路循环。此时，各小室出口阀门处在打开状态，以便于热空气流出各小室进入连接管路，同时，出口总管道上的阀门处于关闭状态。加热系统运行状态一直持续到除尘器小室分别达 130℃时停止。

烟气加热器共有两级，根据出口的烟气温度来进行控制，如果温度过低，则两级加热器均需启动。如果各小室的温度达到 130℃以上，则加热器就会全部关闭。加热器的释放信号来自控制室的预加热程序。它同时也会反馈运行信号和故障信号。

当烟气温度达到 130℃以上时，加热器停止运行，除尘器进入正常工作模式。

当除尘器加热器停止运转后（正常状态下），预热管路中仍留有干净热空气会逐渐变冷，管路会出现结露现象，因此需要配备环境空气清扫系统；只要加热器停止运行，空气清扫系统就会立刻启动运行。此空气清扫系统包含有一台风机和空气电加热器；在除尘器预热系统关闭时隔离阀开启，在预热系统运行时隔离阀关闭。空气清扫系统释放信号来自中央控制室，并且反馈运行或故障信号。

## 第五节　灰渣处理系统

灰渣处理系统能够处理焚烧炉排出的底渣、炉排缝隙中泄漏垃圾、降温塔排灰、锅炉尾部烟道飞灰和除尘器收集的飞灰等几个部分。底渣和飞灰的处理以机械输送方式为主，灰渣外运采用汽车运输。锅炉尾部排灰采用螺旋输送机集中，排至焚烧炉尾部，与底渣混合后排到渣坑。燃料灰分中的90%变为炉渣，10%变为飞灰，飞灰中还包括活性炭、反应产物和未参与反应的 $Ca(OH)_2$。

灰渣处理系统包括锅炉排渣机、炉底漏灰输渣系统，余热锅炉输灰系统和烟气处理间输灰系统。

### 一、排渣机

从焚烧炉来的炉渣经排渣机入料口进入排渣机内部，经排渣机滑枕向排渣机出料口方向推送落入排渣机水槽中冷却后，由出渣机转入直线振动输送机，经除铁后被排入渣坑中，经灰渣吊车抓斗装入自卸汽车运送至综合利用。从炉排缝隙中泄漏下来的较细的垃圾通过刮板输送机被送入出渣通道内，落入排渣机，与炉渣一起被送至渣坑。炉渣通过汽车送至综合利用用户。渣坑量约 $200m^3$，储存约3d炉渣。

1. 排渣机的作用

排渣机主要用于从液体与固体混合物中将符合一定粒度的固体物质分离出来；在垃圾焚烧发电厂是指将焚烧炉中生活垃圾燃尽后的灰和炉渣排出，也作为输送系统和焚烧炉落渣斗间水密封使用。排渣机的主要作用如下：

（1）冷却高温炉渣。排渣机内的水将高温的炉渣冷却。

（2）沥干炉渣。冷却后的炉渣浸在水中，通过滑枕或履带式刮板把炉渣推向出口，炉渣内的水在压力和重力作用下沥出。

（3）封隔空气流动。排渣机内的水通过液位控制，可防止外部空气进入燃烧室，确保燃烧室的气密性要求。

2. 排渣机的种类

垃圾焚烧发电厂常用排渣机分为刮板式排渣机和往复推动式排渣机。

（1）刮板式排渣机。刮板式排渣机由本体、驱动装置（液压马达）、驱动大轴、从动大轴、链条、刮板、补水箱、通风装置、控制系统组成。其工作原理：在主驱动轴的一端，液压马达通过花键与减速机连接，减速机与该主驱动轴相接，液压马达通过液压油驱动，液压马达带动减速机旋转，驱动轴和安装在驱动轴上的链轮带动刮板链条的运行，在排渣机的上部有驱动链轮和驱动轴，在排渣机的下部有尾部链轮和链轮轴，刮板链条与驱动链轮和尾部链轮组成输送系统，刮板排渣机工作原理如图7-11所示。

刮板式排渣机

在排渣机的头部，有两个液压缸用于拉紧传动链，以保证刮板链条总是处于拉紧状态。排渣机的水位由带浮球的补水箱控制，补水可取自渣池污水回用系统或工业水系统。排渣机出渣口处设置集气罩，聚集的水汽通过渣池废气净化系统沉淀过滤后排至高空区域。

（2）往复推动式排渣机。排渣机位于垃圾焚烧炉炉排出口下方，600t/d焚烧炉出口配置两台排渣机。炉渣经排渣通道落入排渣机，在排渣机内灭火、冷却。

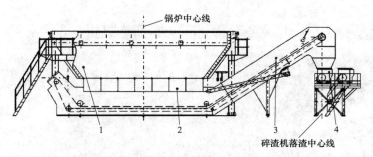

图 7-11 刮板排渣机工作原理
1—渣井；2—关断门；3—刮板排渣机；4—碎渣机

往复式排渣机由槽体、驱动装置、滑枕、密封装置、液位控制开关组成。从焚烧炉来的炉渣经排渣机入料口进入排渣机内部，排渣机内部设置滑枕，用以排出炉渣，滑枕由左右两侧的液压缸提供动力，滑枕向排渣机出料口方向推送，每次推送只推送一段距离，在驱动油缸达到其行程后，推料机构则退回到初始位置，而推送的炉渣则停留在原位置处。在推送机构到达初始位置后，则开始进行下一次的推送行程。经过多次的推送行程，被推送的炉渣逐渐累积压缩并露出排渣机内部的冷却水位进行脱水、从出料口排出。排渣机补水箱的水位由电磁阀控制，补水可取自渣池污水回用系统或工业水系统。排渣机工作原理如图 7-12 所示。

往复式排渣机

图 7-12 排渣机工作原理

**二、炉底漏灰输渣系统流程**

垃圾在焚烧炉炉膛内燃烧过程中，由于燃烧炉排间的相互运动，炉排片间隙和表面均有粒径较小的灰渣，各炉排下设有灰仓，残渣随炉排的往复运动经炉排刮板清理落入炉排底部风室下部漏灰斗，灰渣由每个灰仓的灰斗收集。通过炉底左、右侧漏灰输送机集合后输送到炉底公用段刮板输送机，落入炉底漏灰输送机水槽内，槽内设有水封，水封水位设有自动调节装置，槽中的灰渣由炉底左、中、右侧漏灰输送机送到左、右侧往复式排渣机，然后排至渣池，灰渣处理系统流程如图 7-13 所示。

垃圾焚烧发电厂常用炉底漏灰输渣机分为水封式、气动挡板式双排链炉底漏灰输送机和埋刮板输送机。

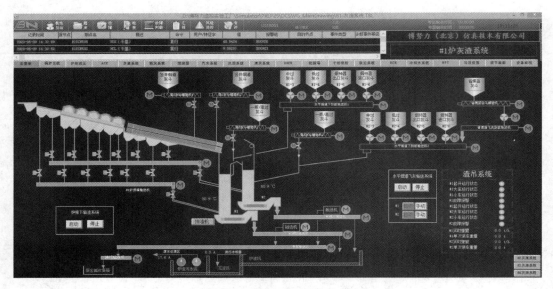

图 7-13　灰渣处理系统流程

### 三、余热锅炉输灰系统流程

1. 余热锅炉输灰系统流程

余热锅炉输灰包括输送竖直烟道和水平烟道收集的灰。

（1）竖直烟道输灰系统。垃圾焚烧产生的高温烟气从第一烟道进入第二、三烟道，二、三烟道内高温烟气里携带着大量的灰颗粒，在重力、惯性力、离心力的作用下被分离出来，落入二、三烟道底部的灰斗里，通过灰斗下部的一、二级螺旋输灰机将其均匀地输送进入埋刮板输送机内，最终排入灰罐或渣池。

（2）水平烟道输灰系统。垃圾焚烧产生的高温烟气进入水平烟道后，冲刷其内竖直布置的过热器管束、蒸发器管束、省煤器管束，烟气里的飞灰颗粒由于惯性撞击管束后，部分颗粒由于重力落入下部灰斗，其余部分飞灰颗粒集附在管束上，通过激波吹灰系统和机械振打清灰装置的击打后，管束集灰落入下部灰斗中，灰斗内的飞灰通过星形卸灰阀均匀地将飞灰输送至埋刮板输送机，最终排入灰罐或渣池。

2. 余热锅炉输灰系统设备组成

余热锅炉输灰系统由螺旋输灰机、埋刮板输送机本体、各驱动装置（减速机）、主从动轮、刮板链条、上下轨道、控制系统等组成。

竖直烟道下的螺旋输灰机均是水平布置，落入的灰渣通过螺杆的旋转，螺杆上安装的叶片通过旋转配合输灰机壳体压迫灰渣移动排出。螺杆为空心杆，输灰机壳体为双层结构，螺杆和输灰机内部均有工业水进行冷却，避免设备受热变形。

埋刮板输送机借助于在封闭的壳体内运动着的刮板链条而使灰渣按预定目标输送的运输设备。它依赖于灰渣所具有的内摩擦力和侧压力，在输送物料过程中，利用刮板链条运动方向的压力以及在不断给料时下部物料对上部物料的推移力的合成，足以克服灰渣在机槽中被输送时与壳体之间产生的外摩擦阻力和灰渣自身的重量，使灰渣无论在水平输送、倾斜输送时都能形成连续的料流向前移动。

**四、烟气处理间飞灰输送系统**

1. 烟气处理间飞灰输送系统组成

烟气处理间飞灰包括脱酸反应塔飞灰和布袋除尘器飞灰。所对应的飞灰输送系统为脱酸反应塔输灰系统和布袋除尘器输灰系统。

（1）脱酸反应塔输灰系统。从余热炉水平烟道出来的烟气携带着大量的灰颗粒进入反应塔内，并与喷入反应塔里的石灰浆/碳酸氢钠等反应脱除酸性气体，灰颗粒伴随反应生成物在重力、惯性力、离心力的作用下一部分被分离出来，落入反应塔底部的锥形灰斗里，通过灰斗下部的埋刮板输送机将其均匀地输送进入公用埋刮板输送机、斗式提升机内，最终排入细灰罐。

（2）布袋除尘器输灰系统。从反应塔出来的烟气仍然携带着大量的细灰颗粒，反应塔出口有活性炭喷入以吸附烟气中的重金属等，所有的烟气通过引风机从烟囱排向大气之前都要经过布袋除尘器进行过滤，在这里 99.5% 的灰尘都会被滤除而附着在布袋上，脉冲清灰装置可以将附着在布袋上的灰尘清落到布袋底部的锥形灰斗里，通过灰斗下部的埋刮板输送机将其均匀地输送进入公用埋刮板输送机、斗式提升机内，最终排入细灰罐。

2. 烟气处理间飞灰输送系统流程

烟气处理间飞灰因其成分复杂且含有一定量的毒性物质，故与焚烧产生的炉渣分开处理，设置单独的输送及储存设备。

布袋除尘器灰斗收集的灰渣经旋转排灰阀排入埋刮板输送机，每台除尘器 6 个灰斗有 2台埋刮板输送机（每 3 个灰斗 1 台），飞灰经此输送机与从脱酸反应塔锥体排出的固态生成物从不同入口分别排入另一条埋刮板输送机，由该输送机将灰渣输送到斗式提升机，将灰渣提升至飞灰储仓。

飞灰储仓顶部设有除尘器及排风机，可使仓内保持一定的负压以防止灰渣飞扬。储仓内的飞灰由螺旋搅拌器送入灰渣车间，灰渣车间将飞灰加药处理后装入密闭运输车送至危险品废品安全填埋场填埋。飞灰储仓及之前的输送设备即埋刮板输送机、斗式提升机及双向出料螺旋等均设置电伴热并采用矿棉保温以防灰渣吸潮结块及腐蚀。

**五、烟气处理间飞灰输送系统设备组成**

在烟气净化系统中，飞灰的排出口较多，对输送设备而言其入料口较多且负荷分布不均匀，长度也较长，故脱酸反应塔及布袋除尘器下面的输送设备采用埋刮板输送机比螺旋输送机更为合适。飞灰的提升装置采用斗式提升机，占用面积小、结构紧凑，且提升高度更具灵活性。

1. 埋刮板输送机

每台布袋除尘器设置 2 台飞灰输送用埋刮板输送机。每台脱酸反应塔设置 1 台埋刮板输送机，飞灰经破碎机研磨破碎进入埋刮板输送机。公用埋刮板输送机为脱酸反应器及布袋除尘器汇总的灰渣输送机，其承担着灰渣输送任务，输送能力按烟气净化线最大灰渣排量设计。公用埋刮板输送机共两条线，一用一备。通过双向螺旋与各布袋和反应塔埋刮板输送机相连。

斗式提升机

### 2. 斗式提升机

为将灰渣送至灰渣储仓内，设置 2 台斗式提升机。斗式提升机为密闭式，输送能力与埋刮板输送机相匹配，提升高度按灰渣储仓高度加上相应的输送装置所需高度来确定。

### 3. 灰渣储仓

灰渣储仓容量是每天烟气净化处理装置处理灰渣量的 3 倍。储仓底部设仓泵，储仓顶部设过滤及排风装置。

### 4. 飞灰固化系统

飞灰采用水泥-稳定剂固化，该技术成熟、工艺简单、成本较低，飞灰固化后性质稳定，能满足《生活垃圾填埋场污染控制标准》的要求，可进入生活垃圾填埋场填埋。

飞灰输送至固化车间钢灰库存放，水泥由汽车送至飞灰固化车间水泥库存放。飞灰固化车间里设有钢灰库、水泥库、螯合剂原液罐、溶液制备罐、溶液储存罐、溶液计量罐、溶液输送泵、溶液计量泵、原液计量泵、溶液喷射泵及各种水泵。钢灰库和水泥库下设刮板输送机及称重计量罐，飞灰和水泥按设定比例称量后送至双轴混炼机。双轴强制搅拌机对物料搅拌混合，水泥、螯合剂和加湿水的添加率分别接近飞灰质量的 12%、2% 和 25%。操作中按比例均匀掺混各种物料，同时在运行过程中可根据飞灰性质调整水泥、螯合剂和水的比例。飞灰通过添加固化剂、水泥、黏结剂、水等使飞灰混合后形成固化体。飞灰中的重金属（Hg，Cd，Pb，Cu，Zn）和有害有机物通过螯合剂的螯合反应固定化。从而避免粉尘污染，减少重金属的溶出和有害有机物的渗出。

为了使稳定化后的飞灰达到足够的强度，防止重金属类的溶出，混合成形后的物料压制成型后送至养护场进行 48h 的养护，稳定化后的飞灰满足 GB 16889—2008 的浸出毒性标准要求后，送至垃圾填埋场指定区域进行安全填埋。

飞灰固化处理流程如图 7-14 所示。

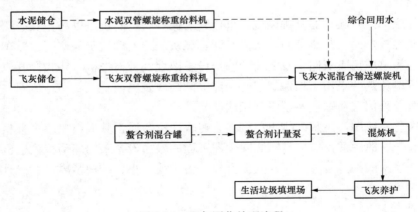

图 7-14　飞灰固化处理流程

# 第八章　垃圾焚烧发电机组的启动与停运

电厂锅炉的启动与停运方式有锅炉单独启停和锅炉汽轮发电机联合启停两种方式。对主蒸汽母管制的锅炉可采用单独启停方式。对单元制的锅炉,都采用联合启停方式。我国125MW 及以上容量的再热机组都是单元制,机组采用滑参数联合启停方式。垃圾焚烧发电机组一般为主蒸汽母管制,采用锅炉和汽轮发电机单独启停方式。

## 第一节　系　统　送　电

发电厂冷态启动前,需要进行系统送电操作,为机炉设备的启动提供条件。垃圾焚烧发电系统送电包括直流系统送电、UPS 系统送电、母线受电、主变压器受电、10kV 系统送电和 380V 系统送电等工作。

1. 直流系统送电

为了保障电气设备可靠工作,为发电厂电气设备提供不间断的稳定电能,发电厂控制电源往往采用直流系统与交流不停电电源系统。其中,直流系统在正常情况下为信号装置、继电保护、自动装置和断路器分合闸操作回路等提供可靠的直流电源,在发生交流电源消失事故情况下为事故照明、UPS 和直流事故润滑油泵等提供直流电源。直流系统可靠与否,对发电厂的安全运行起着至关重要的作用。

直流系统送电

直流系统一般由蓄电池组、充放电装置、绝缘监测装置、闪光装置、直流母线和直流负荷等构成。它是一个独立电源,不受发电机、厂用电及系统运行方式的影响。正常工作时,由交流电源整流后供给直流负荷用电,在外部交流电中断的情况下,由后备电源(蓄电池)继续向直流负荷供电。

2. UPS 系统送电

UPS 是一种以蓄电池、整流器、逆变器、静态开关为主要组成部分的恒频恒压交流电源,主要给 DCS、热控交流配电屏、工程师站、调度远动机房、机器通信机房及其电气自动或保护装置等提供不间断的电力供应。当市电输入正常时,UPS 将市电稳压后供应给负载使用,此时的 UPS 就是一台交流市电稳压器,同时它还向机内电池充电,并与厂用电系统产生的静态谐波相隔离。当市电中断(事故停电)时,UPS 立即将机内电池的电能,通过逆变转换的方法向负载继续供应 220V 交流电,使负载维持正常工作,并保护负载软硬件不受损坏。

UPS 系统送电

3. 母线受电

在全厂冷态时,发电机处于停运状态,无法由发电机自发电供应厂用设备,厂用电需从电网引入。此时,需要将电网合闸投入运行,使 110kV 母线受电。

母线受电

母线受电，包括送电前的检查、保护装置投入运行、线路及 TV（即电压互感器）转为热备用状态、TV 投入运行、按顺序将线路隔离开关与断路器合闸和检查母线电压等操作。为确保操作准确无误，防止人身伤害和设备故障，各项操作必须严格按照操作票和运行规程进行。

电气设备的状态分为运行状态、备用状态和检修状态三种。运行状态指设备的断路器和隔离开关均在合闸位置，已通电工作。备用状态分为冷备用和热备用两种，其中冷备用状态指设备的断路器和隔离开关均在打开位置，要合上隔离开关和断路器后才能投入运行；热备用状态指设备的隔离开关已合闸，断路器未合闸，只要断路器合闸，就能投入运行。检修状态指设备的断路器和隔离开关均已拉开，而且接地线等安全措施均已做好，此时设备就处在检修状态。

将设备由一种状态转变为另一种状态的过程称为倒闸，所进行的操作称为倒闸操作。倒闸操作是变电运行工作人员的一项重要工作。它关系着发电机组的安全运行，也关系着电气设备及操作人员自身的安全。倒闸操作要严防误操作事故发生，误操作轻则造成设备损坏、部分停电，重则造成人身伤亡，导致大面积停电。倒闸操作项目繁多，包含一次回路、二次回路的操作，稍有疏忽就会造成事故。

主变送电

**4. 主变送电**

变压器是通过电磁感应把一种电压等级的交流电能转换成同频率的另一种电压等级的交流电能的电气设备。发电机正常运行时，发电机发出的电能一小部分用于发电厂设备的供电，其余大部分电能通过主变升压后输送至电网，发电机未投运时，需从电网引入电能，经主变降压后为厂用设备供电。

**5. 10kV 及 380V 系统送电**

380V 系统送电

10kV 系统送电

10kV 系统是垃圾焚烧发电厂的高压厂用电系统，高压电动机及厂用变压器直接接在 10kV 系统的母线上。垃圾焚烧发电厂 380V 系统又称为低压厂用电系统，发电厂 380V 低压厂用电系统分布于发电厂的各个车间，为厂内低压电动设备送电。

## 第二节　公用系统启动

启动公用系统包括启动循环水系统、启动工业冷却水系统、启动除氧给水系统和启动压缩空气系统。

**1. 启动循环水系统**

循环水系统投运

水蒸气在汽轮机内做功后排入凝汽器，为了将排汽冷凝维持凝汽器的真空，需要向凝汽器提供合格温度的充足的循环水，以吸收排汽冷凝时释放的热量；同时，发电机空气冷却器、汽轮机冷油器等换热设备的冷却介质也是循环水。因此，在汽轮发电机组启动前，需要先启动循环水系统为上述换热设备提供冷却水。

　　启动循环水系统包括启动前对冷却塔、循环水泵和循环水管路的全面检查及准备，启动冷却塔和启动循环水泵等工作。为确保操作准确无误，防止人身伤害和设备故障，各项操作应严格按照操作票和运行规程进行。

　　2. 启动工业冷却水系统

　　工业冷却水系统不仅为给水泵、空气压缩机（简称空压机）和引风机等转动设备的轴承、垃圾给料斗、垃圾溜管和落渣管等受热装置、炉排液压油冷却器等提供冷却水，还为脱酸塔和排渣机提供工艺用水，以确保这些设备和装置能够安全正常运行。因此，在这些设备和装置启动前，应首先启动工业冷却水系统。

工业水系统投运

　　启动工业水系统包括启动前的检查与准备和启动工业水泵两项任务。为了确保正确完成操作，防止误操作造成人身伤害和设备事故，操作人员必须严格按照操作票和运行规程进行操作。

　　工业冷却水由循环水泵房两台工业水泵供给，其水源为循环水吸水池或生产、消防水池中的水。正常运行时，两台工业水泵一台运行一台备用，从循环水吸水池吸水，经各用户吸热后，回水直接进入循环水吸水池，并将热量带入吸水池。由于工业冷却水量远小于循环水量，因此，对池内水温影响很小。

　　3. 启动除氧给水系统

　　除氧给水系统的作用包括：在锅炉冷态启动时，向锅炉上水；在锅炉正常运行时，连续不断地向锅炉供给合格的给水，维持汽包正常水位，并向过热器提供减温水。因此，在锅炉启动前，应启动除氧给水系统。

　　启动除氧给水系统包括启动前对除氧器、给水泵和管道系统的检查和准备，除氧器上水和启动给水泵等操作。为了确保正确完成操作，防止误操作造成人身伤害和设备事故，操作人员必须严格按照操作票和运行规程进行操作。

除氧器上水

启动电动给水泵

　　4. 启动压缩空气系统

　　根据用途和对空气品质要求的不同，电厂压缩空气可以分为仪用压缩空气和工艺用压缩空气两大类。仪用压缩空气主要用于阀门用气、热控仪表用气。这类压缩空气要求高度净化，多次除油、气水分离、除尘、干燥才能满足使用要求。工艺用压缩空气主要用于管道吹扫、强制冷却、卫生清扫等。这类压缩空气对品质要求不高，经空压机内部简单过滤，气、水分离后即可使用。在机组启动前，需要启动压缩空气系统为全厂所有作业点提供所需的压缩空气。

投运压缩空气系统

　　启动压缩空气系统包括启动前的检查、启动冷冻式干燥机、启动空压机、启动吸附式干燥机和投用储气罐等工作。为确保操作正确，防止误操作造成人身伤害和设备事故，操作人员须严格按照操作票和运行规程进行操作。

　　空压机由空气系统、润滑油系统、冷却系统、安全保护系统及控制系统等组成。空气由过滤器滤除尘杂之后，经进气阀进入主压缩室压缩，并与高效冷却液（润滑油）混合。与油混合的压缩空气排入油气桶，再经油气分离器、压力维持阀、后置冷却器、水分离器，送入中间储气罐。

## 第三节　垃圾焚烧锅炉启动

**一、垃圾焚烧锅炉启动前的准备及上水**

1. 垃圾焚烧锅炉启动前的检查

垃圾焚烧锅炉应在检修工作结束、热力工作票终结、检查验收合格后方可启动。

启动前应对垃圾焚烧锅炉各系统、各设备、转动机械、阀门、风门、挡板、表计、安全阀等进行检查，确认各系统设备正常。

2. 垃圾焚烧锅炉启动前的准备

接到启动命令后，在垃圾焚烧锅炉冷态启动前，应做好以下准备工作：

（1）排污及工业冷却水系统。检查排污扩容器人孔门关闭严密，排污系统完好，冷却水系统已启动，回水系统正常。

（2）补给水系统。检查除氧器水位稍高于正常水位，化学设备运行正常，具备供水条件。

（3）压缩空气系统。空压机已启动，检查各用途压缩空气参数正常。

（4）燃烧器系统。打开天然气总进气阀门，检查气压正常稳定、各燃烧器试运正常。

（5）液压系统。启动锅炉液压系统，检查料斗挡板关闭，炉排液压缸油管连接牢固、不漏油，系统试运正常，设备准备就绪。

（6）给料系统。垃圾吊车及抓斗试运正常，垃圾溜槽的冷却水系统投入，料位信号正常，系统试运正常，设备准备就绪。

（7）汽水系统。各电动阀门、气动阀门试验动作正常，设备准备就绪。

（8）风烟系统。各风机启动试运正常，设备准备就绪。

（9）除灰系统。飞灰稳定系统试运正常，设备准备就绪。

（10）炉渣处理系统。排渣机建立水封，炉排漏灰刮板机、炉排漏渣挡板、排渣机试运正常。

（11）吹灰系统。吹灰总阀门关闭，振打装置试运正常，激波吹灰试运正常，蒸汽吹灰相关设备准备就绪。

（12）烟气处理系统。消石灰及活性炭系统准备就绪，SNCR、SCR 系统准备就绪，脱酸塔及布袋除尘器相关设备试运正常。

（13）飞灰系统。螺旋输灰机、刮板输送机、斗式提升机等设备试验正常，设备准备就绪。

（14）信号操作系统。热工信号及 DCS 正常。

3. 锅炉上水

余热锅炉上水

一切条件具备后，可经给水管向锅炉上水，上水温度一般不超过 90℃，上水应缓慢进行。锅炉从无水上到汽包正常水位－75mm 处，一般需两个小时左右。周围气温应高于 5℃。当环境温度很低时，进水时间应予以延长，进水温度应尽可能降低到 40～50℃。上水过程中，管道上空气阀冒水后，将其关闭，同时检查汽包及各种阀门是否有漏水现象，如有漏水应停止上水及时检修。当锅炉水位达到低水位时，停止上水，观察水位是否有变化，如有变化应查明原因予以清除，然后继续上水到正常水位。停止上水时，开启省煤器再循环一、二次门。

### 二、启动锅炉燃烧系统

锅炉燃烧系统的作用是实现焚烧炉的点火升温和垃圾的焚烧，主要由液压系统、推料器和炉排、风烟系统、辅助燃料系统等组成。

启动锅炉燃烧系统的操作包括启动液压系统、启动推料器和炉排低速运行、启动锅炉风烟系统、启动辅助燃料系统和投入垃圾等工作。

（一）液压系统启动

液压系统由液压泵站、液压阀站、电气控制柜以及液压管路等组成，液压泵站是液压阀站和排渣机液压驱动站的油源设备，液压阀站集成了控制给料炉排、燃烧炉排、给料斗盖板和排渣机的液压阀件，给料炉排和燃烧炉排片的所有动作均是通过对液压阀站上的阀件进行控制来实现，以控制炉排片的运动方向和速度。

焚烧炉设置 2 台液压泵，其中一台常用，另一台备用。液压泵把液压油升压后，向各被驱动装置供油。如果运行中液压泵出故障时，在自动模式下，备用泵自动启动；液压泵既可以遥控，也可以在就地现场启动/停止；油箱是为了储存液压动作油而设置的。液压油在通过油箱出口的过滤器后，被液压泵送到各驱动装置，通过冷却器和入口过滤器后回到油箱；液压油冷却器是为了冷却液压动作油的回油而设置的，采用壳管式热交换器。

1. 液压系统启动前的检查

液压系统启动前的检查包括系统阀门复役操作及系统设备状态检查，确保各设备在启动前状态。

炉排液压系统
启动

2. 液压系统启动

液压系统启动操作包括液压油冷却器的投运及液压油泵的启动。

（二）启动炉排及推料器

1. 启动前的检查和准备

（1）确认炉排液压系统正常。

（2）打开焚烧炉用工业水、工艺水、灭火用水系统。

（3）确认炉排空载运行 30min 以上，动静炉排之间无明显摩擦，炉排无明显变形，状态正常。

（4）确认推料器试推 10min 以上，试推过程无卡涩，摩擦等现象，进、退反应灵敏到位，液压油无泄漏，状态正常。

炉排及推料器
启动

2. 启动炉排及推料器低速运行

启动炉排及推料器过程如下：

（1）启动燃尽炉排。点击"燃尽炉排"，将所有燃尽炉排运行方式切至自动方式，点击"启动"按钮，运行指示信号变红。

（2）依次启动燃烧炉排、干燥炉排、推料器、剪切刀。

（3）通过锅炉自动燃烧控制（简称 ACC）管理系统，设置给料控制模式、给料器速度、干燥炉排速度、燃烧炉排速度、燃尽炉排速度、剪切刀速度及控制模式。

（三）启动风烟系统

1. 启动引风机

投运引风机电动机轴承冷却水和叶轮端轴承冷却水，引风机启动条件满足，变频模式启动引风机，检查引风机各项参数正常。全开引风机入口处炉

引风机启动

内压力控制挡板。

一次风机启动

二次风机启动

锅炉点火

**2. 启动一次风机**

一次风机启动条件满足，启动一次风机、检查一次风机各项参数正常。全开一次风机入口一次风压力控制挡板。设定一次风机变频器频率，调整引风机变频器，维持炉膛负压在 50～150Pa。

**3. 启动二次风机**

二次风机启动条件满足，启动二次风机，根据燃烧情况，调节二次风机变频器控制二次风量。

**（四）启动燃烧器**

**1. 启动前的检查**

确认燃烧器具备启动条件，压缩空气压力正常，燃气压力正常。确认点火器点火周期设定完成，点火风机及助燃风机试运转正常，布袋除尘器加热系统正常投运 4h 以上，飞灰输送系统、除灰系统、输渣系统启动正常，炉排液压系统启动正常，炉排、推料器低速运行，引风机、一次风机启动正常。确认调整炉膛负压在 30～50Pa，吹扫通风 5min 以上。辅助燃烧器启动前确认炉墙引送风机、轴冷风机启动正常。

**2. DCS 启动点火燃烧器**

（1）确认燃烧器与主控室 DCS 接通，DCS 启动就绪。

（2）打开炉膛各检查孔吹扫手动阀门。

（3）投入火焰监视、火焰监测等装置的冷却系统。

（4）启动轴冷风机，并确认正常。

（5）启动燃烧器风机，打开电动风门挡板。

（6）打通天然气管道。

（7）点击 MFT 复位。

（8）打开点火管道手动球阀和进燃烧器处针形阀门。

（9）DCS 启动点火器点火。一般按下列四步顺序自动执行：

1）打开引燃速断阀。

2）火焰监测装置检测点火火焰。如未检测到火焰，停止点火，发出报警。

3）小火引燃，打开燃烧器主管道电动速断阀，关闭引燃管道速断阀。

4）DCS 建立火焰指示。

**3. 控制面板启动点火燃烧器**

启动点火器点火也可通过就地控制面板启动。

（1）控制柜主开关置于接通位置。

（2）按动"导通控制"按钮，转至就地位。

（3）打开"人机"界面操作屏幕，按下检测开关，确认灯光测试正常。

（4）确认控制面板上燃烧器工作按钮处于就地位置。

（5）启动点火器点火。一般按下列三步顺序自动执行：

1）打开引燃速断阀。

2）火焰监测装置检测点火火焰。如未检测到火焰，停止点火，发出报警。

3）小火引燃，打开燃烧器主管道电动速断阀，关闭引燃管道速断阀。

（6）利用炉壁上的检查孔、窥视孔和火焰继电器指示灯，检查并确认火焰建立。

4. 启动辅助燃烧器

按照启动点火燃烧器同样的方法在 DCS 启动辅助燃烧器，辅助燃烧器点火也可通过就地控制面板进行。

（五）投入垃圾

1. 投入垃圾前的检查

（1）确认炉内烟气滞留 2s 处温度大于 850℃。

（2）确认炉膛负压正常。

（3）确认炉排运转正常。

（4）确认垃圾料斗料位正常。

投入垃圾操作

2. 投入垃圾操作

（1）打开料斗挡板。

（2）逐渐增大干燥段一次风阀门开度。

（3）调整燃烧一段、二段、三段风门挡板开度。

（4）调整一次风机频率。

（5）调节引风机频率，控制锅炉负压在 50～150Pa，投引风机变频自动。

（6）确认垃圾发热量及垃圾密度满足设计要求（一般垃圾发热量值为 7MJ/kg，垃圾密度为 $0.45t/m^2$）。

（7）保持给料器和各段炉排低速运行，缓慢进料。

（8）通过炉排电视观察炉排上的燃烧情况。

（9）燃烧段炉排有垃圾燃烧后，投入串级控制。

（10）点击"主蒸汽流量"投自动，设定蒸汽流量与当前主蒸汽流量接近，增加设定值至额定流量值的 60% 左右。

（11）"垃圾厚度"投自动，设定垃圾厚度。

（12）推料器、干燥炉排、燃烧炉排、燃尽炉排和剪切刀速度等投入串级控制。

**三、垃圾焚烧锅炉升温升压**

垃圾焚烧锅炉启动过程中炉内烟气温度的升高和工质压力的提升过程相互关联。实际升温升压操作过程中，温度和压力两个参数务必同步监测，任一参数达到以下步骤的操作要求即执行该参数下的操作内容。

1. 垃圾焚烧锅炉升温步骤

（1）启动点火燃烧器，调整负荷，按 30～50℃/h 升温速率逐步提高炉内烟气滞留 2s 处温度至 150℃。

锅炉升温

（2）炉内烟气滞留 2s 处温度至 150℃时，增大点火燃烧器负荷，按 30～50℃/h 温升速率升温。

（3）炉墙温度达到 450℃（或炉内烟气滞留 2s 处温度达到 300℃）时，投炉墙冷却风系统。

（4）当布袋除尘器各部分温度达到 90℃、入口烟温大于 150℃时，停止循环加热风机，投运布袋除尘器，同时投用烟气在线监测系统。

（5）炉内烟气滞留 2s 处温度超过 300℃时，启动辅助燃烧器。

（6）按 50～100℃/h 温升速率将炉内烟气滞留 2s 处温度升至 600℃。期间，根据炉膛氧量、温度等情况适时启动二次风机，调节二次风量，控制氧量在 6%～10%。

（7）当炉内烟气滞留 2s 处温度达到 600℃、排烟温度 160～180℃时，投运脱酸系统，并确认雾化器投运正常。

（8）炉内烟气滞留 2s 处温度超过 600℃时，投入 SGH，尾部烟气温度达到 145℃时投入 SCR 系统。

（9）按 50～100℃/h 温升速率升温至 850℃时，进行如下操作：

1）投入活性炭系统。

2）打开料斗挡板门，向炉膛投垃圾。

3）投运 SNCR 系统。

4）投运蒸汽空气预热器。

（10）当炉膛上部烟气温度达到 850℃（烟气滞留 2s 处）要求后，视焚烧炉出口温度，逐步降低辅助燃烧器负荷直至关闭。

（11）缓慢增加焚烧负荷，调整给料推杆、炉排速度和焚烧供风量，确保炉内烟气滞留 2s 处温度不高于 950℃。

（12）投入系统温度相关自动及保护。

（13）投用垃圾后，视烟道内各段的温度、差压情况投用吹灰装置。

2. 垃圾焚烧锅炉升压步骤

锅炉升压

（1）锅炉起压后，立即通知化学专业人员进行汽水品质化验，确认锅炉排污状况，视炉水水质投用炉内加药系统。

（2）汽包升压至 0.1MPa 时，校对就地水位计。

（3）汽包升压至 0.2MPa 时，关闭汽包及过热器、汽包至一级过热器各空气阀门。

（4）汽包压力升至 0.3～0.4MPa 时，通知热工专业人员冲洗并投入仪表管道、水位计，确认 DCS 显示正确。

（5）汽包压力升至 0.2～0.5MPa 时，依次对锅炉下部各联箱排污，注意水位变化并确认排污正常，确保锅炉各受热面和下联箱受热均匀，沉淀物排出。

（6）汽包压力升至 0.5MPa 时，关闭过热器疏水阀门，通知检维修人员热紧螺栓。

（7）汽包压力升至 0.4～0.6MPa 时，打开主蒸汽母管管道疏水阀门，逐渐打开主蒸汽管道上的蒸汽旁通阀门。

（8）汽包压力升至 0.7MPa 之前，完成取样管冲洗。

（9）汽包压力达到 1.0MPa 时，向锅炉加药，并打开连排阀门。

（10）主蒸汽压力升至 1.5MPa 左右时，投入蒸汽空气预热器一级加热系统（各电厂可根据实际情况适当调整）。

（11）主蒸汽压力升至 2.0～2.5MPa 时，投入蒸汽空气预热器二级加热系统，同时对锅炉进行全面检查（各电厂可根据实际情况适当调整）。

（12）主蒸汽压力升至 2.5MPa 左右且管道预热完毕后，缓慢打开主蒸汽电动阀门，关闭旁路阀门（如需进行安全阀整定工作，需关闭主蒸汽电动阀门和旁路阀门，待安全阀整定工作结束后，根据现场实际情况确定主蒸汽电动阀门和旁路阀门的打开和关闭调整）。

（13）主蒸汽压力升至 2.5～3.0MPa 时，依次对锅炉下部各联箱进行二次排污，注意汽包水位变化。

（14）主蒸汽压力升至 3.5MPa 左右，主蒸汽温度升至 385℃ 左右时，投过热器减温水，联系化学专业人员分析汽水品质。

（15）主蒸汽压力接近锅炉额定工作压力且稳定燃烧时，值长组织进行安全阀的整定、校验工作。

（16）现场压力、温度、水位等参数满足并汽条件后进行并汽操作。

（17）并汽后冲洗水位计并再次校对表记、记录膨胀值。

（18）汽压、汽温、汽包水位均稳定后，投入汽包水位 MFT 保护。

3. 垃圾焚烧锅炉热态启动升温升压

（1）热态启动条件。

1）检查并确认汽包压力高于 0.2MPa。

2）各空气阀门和疏水阀门关闭。

3）炉内烟气滞留 2s 处温度高于 650℃。

4）保持汽包水位正常。

（2）热态启动升温升压步骤。

1）启动引风机，炉膛压力设为 −50Pa，投自动。

2）启动一次风机、炉墙冷却空气引风机、空冷耐火风机、二次风机。

3）炉排下一次风挡板门调到点火状态。

4）根据炉温情况投运燃烧器。

5）如果过热器温度低于当时压力下的饱和温度，打开过热器疏水阀。

6）微开向空排汽阀门，控制汽包压力，保证过热器内有蒸汽流动。

7）根据实际情况尽早投入一次风空气预热器。

8）其余按正常操作继续执行。

9）根据炉内情况调整燃烧，适时将启动炉并入热网运行。

4. 锅炉升温升压注意事项

（1）升温升压过程中，保持水位的正常与稳定，严格控制蒸汽升压升温速度，务必加强汽包壁温监视，确保汽包上、下壁温差不大于 40℃。锅炉开压时间见表 8-1。

表 8-1　　　　　　　　　　　　　　锅炉升压时间

| 压力（MPa） | 时间（min） | 累计时间（h） |
| --- | --- | --- |
| 0～0.1 | 90 | 1.5 |
| 0.1～0.2 | 30 | 2 |
| 0.2～0.5 | 60 | 3 |
| 0.5～1.5 | 60 | 4 |
| 1.5～2.5 | 60 | 5 |
| 2.5～4.0 | 60 | 6 |

若有超压趋势，立即降低升压速度，加强底部排污，待温差合格后再继续升温升压。若采取上述措施无效时，停止升压，查明原因后再升压，同时适当维持汽包水位稍高。通过连

排或定排放水，用给水旁路调节阀调节给水量，当建立起连续的给水量时，关闭省煤器再循环阀门。

（2）在升温升压过程中，必须注意各部分膨胀情况，有异常时停止升压并查明原因，清除故障消除后继续升压。

（3）受热部件膨胀不均匀时，立即改善炉内水循环和调整炉内燃烧工况，保证各部件温升均匀，避免因膨胀不均匀而损坏设备。指示异常原因未查明前，禁止锅炉升温升压操作。

（4）在升压过程中，发现膨胀不均匀时，记录其膨胀值。

（5）若汽水品质不合格，可通过连排、定排、化学加药等手段调整，严重超标时停止升温升压，待合格后再进行升温升压。

（6）升压过程中打开过热器出口联箱疏水阀门、对空排汽阀门，使过热器得到足够冷却，并打开并汽阀门前所有疏水阀门。

（7）严禁通过关小过热器出口联箱疏水阀门或对空排汽阀门赶火升压，以免过热器管壁温度急剧升高。

（8）升压过程中监视集汽联箱蒸汽温度，不得超过 450℃。

（9）点火升压停止上水期间，省煤器再循环阀门必须打开，以保护省煤器。锅炉进水时，关闭再循环阀门。严禁在锅炉正常进水时打开省煤器再循环阀门。

（10）在升压过程中，应监视汽包水位的变化，并维持水位正常。

（11）锅炉升压过程中，汽水系统无泄漏。

（12）锅炉升负荷过程中有蒸汽外排时，要不断补给水。

（13）锅炉升负荷要缓慢，维持炉内温度均匀上升，使承压部件受热均衡、膨胀正常，升压过程中要打开过热器出口联箱疏水阀门。

（14）为使过热器得到足够的冷却，对空排汽阀门开度大小应保证不使过热器的排汽温度超过额定值（供汽后关闭），超温可启动减温器喷水调节。

（15）严禁关闭对空排汽阀门升压。

（16）配风状况须适应升负荷需要。

（17）为防止垃圾进入炉膛后大量吸热，造成炉温陡降，启动推料器逐渐进料后可先投入木块助燃，待炉温稳住后再逐渐掺入垃圾直至投纯垃圾。

（18）防止一次风大量冷风进入后拉低炉膛温度，投料初期可在氧量和炉膛负压稳定后投入一次风机。

（19）锅炉升负荷过程中，要注意锅炉本体膨胀状态，观察各处膨胀情况，发现异常情况立即处理。

（20）锅炉与蒸汽母管并列或直接向汽轮机供汽前，先对管路进行暖管，暖管一般应随锅炉升压同步进行，冷态蒸汽管道的暖管时间一般不少于 2h；热态蒸汽管道的暖管时间一般不少于 0.5h。

（21）暖管升温速率可控制为 2～3℃/min。

**四、投运蒸预器**

1. 投运蒸预器低压段

确认一、二次风机运行正常。对一次风蒸预器低压进汽管道充分暖管疏水后，进行如下操作：

投运一次风蒸预器

（1）根据一次风抽汽温度的变化，调整一次风暖风抽汽调节阀开度。

（2）根据二次风抽汽温度的变化，调整二次风暖风抽汽调节阀开度。

2. 投运蒸预器高压段

（1）打开一、二次风蒸预器高压段各疏水门。

投运二次风蒸预器

（2）疏水温度正常或旁路疏水 5min 后，关闭一、二次风蒸预器高压段各疏水门。

（3）打开主蒸汽至一、二次风蒸预器高压段，隔离一、二次阀门。

（4）打开一、二次风高压段至蒸预器疏水扩容器门，并视水质和温度情况，送入疏水箱或除氧器高压疏水母管。

3. 注意事项

（1）高、低压蒸汽母管预热充分后，方可投入运行。

（2）一般要求低压段主蒸汽压力达到 1.3MPa、温度达到 280℃；要求高压段主蒸汽压力接近 4.0MPa、温度接近 400℃。

（3）暖管时，要打开通往进料斗的排水阀门、疏水器旁通阀门，逐渐打开蒸汽手动阀门，排汽后打开疏水器主阀门，关闭排往进料斗的排水阀门、疏水旁路阀门。

（4）投蒸预器时，应缓慢均匀操作高温高压热力系统管道阀门，确保汽温、汽压平稳过渡，避免引起管道冲击和系统不稳定。

（5）蒸预器投运正常后，严格控制疏水温度，以免引起水冲击。

（6）投入蒸预器系统后，逐渐加大燃烧器负荷。控制温升速率不超过锅炉启动过程中的温升要求，汽包壁上、下温差不高于 40℃。

**五、锅炉并汽**

1. 并汽条件

（1）锅炉设备运行正常，燃烧稳定。

（2）并汽锅炉主蒸汽压力稍低于蒸汽母管压力 0.1~0.2MPa。若锅炉汽压大于母管汽压，则当并汽阀门打开后，大量蒸汽涌入母管，其后果使并汽锅炉负荷骤增，压力突降，造成汽水共腾。此时，若加大燃烧，会使该锅炉热负荷突然增加，对锅炉不利，同时还会导致并列运行其他锅炉汽压过高。若升火锅炉汽压低于母管过多，会发生蒸汽倒流。

（3）蒸汽温度在 390℃左右。若汽温比母管汽温低的较多，会使母管汽温突降，严重时会带水。

（4）汽包水位采用手动控制，水位控制在 -50mm 左右。

（5）各种监视表计正常，汽轮机运行正常。

（6）蒸汽品质化验合格。

由于各电厂实际情况不同，其设置的并汽温度、压力略有不同。

2. 并汽操作步骤

（1）并汽前与汽轮机操作人员取得联系，适当调整汽温并保持汽压。

锅炉并汽

1）若汽压已达到或接近并汽要求，但汽温太低，则应加强过热器出口的排汽，加强并汽阀门前的疏水，并适当调整炉内燃烧。

2）若汽压达到并汽要求，但汽温太高，多方调整无效时可打开减温水。

（2）缓慢打开并汽阀门的旁路阀门，锅炉汽压与母管汽压平衡后缓慢打开并汽阀门，关闭旁路阀门。并汽时，必须保持汽压、汽温及水位稳定，并缓慢增加锅炉蒸发量。如引起汽轮机的汽温急剧下降或发生蒸汽管道水冲击时，应立即停止并汽，加强燃烧和疏水，待恢复正常后重新并汽。

1) 并汽后，再次校正汽包水位计、远程水位显示装置和各汽压表的指示，注意观察各仪表指示变化，并开始抄表。

2) 并汽后，汽温达到要求且能保持汽轮机的正常汽温时，依次关闭所有疏水阀门及对空排汽阀门。

3) 并汽后，注意维持汽包水位，给水投自动。

4) 为确保水循环正常，尽快将蒸汽负荷增加至锅炉负荷额定值的 50% 以上。

5) 并汽后，对锅炉机组进行全面检查，记录发现的问题。

6) 启动脱酸系统、启动活性炭系统、启动布袋除尘器系统和启动脱硝系统。

## 六、停运

### （一）停运前的检查与准备

（1）接到值长停炉命令后，填写停炉操作票，组织好锅炉运行人员，交代清楚停炉任务，同时各相关专业做好停炉准备工作。

（2）对锅炉设备进行一次全面检查，将发现的设备缺陷记录在缺陷记录本内，以便停炉后及时处理。

（3）对锅炉吹灰一次，布袋除尘器手动清灰一次。

（4）冲洗、校对汽包就地和电接点水位计一次。

### （二）停运垃圾焚烧炉的操作

（1）通知垃圾吊车人员停止向垃圾料斗给料，当料位计显示低料位时，关闭料斗挡板。

（2）逐渐降低锅炉负荷。

（3）当炉内烟气滞留 2s 处温度降至 850℃时，将辅助燃烧器切为手动，启动辅助燃烧器，保证炉内烟气滞留 2s 处温度在不低于 850℃的状态下，将炉内剩余垃圾燃尽。

（4）当炉内垃圾燃尽后，逐渐减小辅助燃烧器调节阀开度直至停运，调整一次风量、推料器和炉排速度，控制炉温降温速率不大于 80℃/h。

（5）当第一烟道温度降至 850℃时，停运 SNCR 系统。

（6）当炉温降至 580℃时，停运脱酸系统和活性炭系统，脱酸系统停运后应将雾化器吊出并进行彻底清洗。

（7）当炉温降至 550℃时，停运二次风机。二次风机停运前，应停用二次风加热蒸汽。

（8）当炉温降至 450℃时，停运一次风机。一次风机停运前，应停用一次风加热蒸汽。

（9）当炉温降至 400℃时，停运推料器和干燥炉排，加快燃烧炉排和燃尽炉排速度。

（10）当炉温降至 350℃时，停运燃烧炉排和燃尽炉排，停运辅助燃烧器，关闭燃烧空气挡板。

（11）当 SCR 入口烟气温度低于 145℃时，停运 SCR 系统。

（12）当布袋除尘器入口烟温降至 140℃时，启动布袋除尘器热风再循环加热装置。

（13）当炉温降至 300℃时，停运炉墙冷却风系统。

（14）当炉温降至 200℃时，停运引风机。

（15）炉温降至 100℃时，停运轴冷风机，停运点火燃烧器和辅助燃烧器冷却风机。

（16）当炉温降至 50℃时，停运各冷却水系统。

（17）停炉 1h 后，排渣机内灰渣排净后，停运炉渣输送系统。

（18）停运炉排液压系统。

（19）停炉 4h 后，停运反应塔及布袋除尘器底部飞灰输送系统。

（20）停运布袋除尘器热风再循环加热装置。

（21）停运烟气在线监测系统。

### （三）停运余热锅炉的操作

在焚烧锅炉停运过程中应同步停运余热锅炉。

（1）在压力下降 1h 前，对余热锅炉进行一次定期排污。

（2）当锅炉出口主蒸汽温度低于 385℃时，停运喷水减温系统。

（3）主蒸汽温度低于 380℃时，将锅炉与主蒸汽母管解列，开启过热器疏水阀门，关闭锅炉出口主蒸汽电动阀门，部分开启生火排汽阀门控制压力下降速度，将给水调节改为手动控制汽包水位。

（4）将汽包水位上水至 200mm，关闭给水调节阀，开启省煤器再循环阀。在锅炉冷却过程中，严密监视汽包水位，必要时向锅炉补水。

（5）当汽包压力降至 1.0MPa 时，关闭连续排污阀。

（6）当汽包压力降至 0.5MPa 时，打开汽包、过热器和减温器放气阀，全开生火排汽阀。

（7）当锅炉主蒸汽压力降为 0.3MPa 时，全开过热器疏水阀。

### （四）停炉后的冷却

（1）停炉 12h 后，开启引风机入口挡板及锅炉各人孔、检查孔等，进行自然通风冷却。

（2）停炉 16h 后，可启动引风机进行强制通风冷却。

（3）当锅炉汽压降到 0 时，视具体情况决定是否放掉炉水。

## 第四节　汽轮发电机组启动

### 一、汽轮机启动前的检查和准备

汽轮机启动前的检查和准备工作，是为了保证汽轮机组的安全启动和缩短启动时间，保证使各种设备、汽水系统、监测仪表、信号、保护等都处于准备启动状态。

汽轮机启动前的检查和准备包括检查汽轮机主辅设备、检查调速保安油系统、检查润滑油系统、检查阀门开关位置和主蒸汽管道暖管等工作。

汽轮机本体设备启动前的检查。

（1）启动前应对全部设备进行详细的检查（如果在以前运行中发现的问题未得到解决则系统不应启动），确认安装（或维修）工作已全部结束，汽轮发电机组及各辅助设备附近的地面都已经清扫干净。

（2）对所有的热工仪表及其附件检查其完整性，校正零点，并对各项指示、报警、保护等信号进行测试，最后对控制、测量、信号和保护各回路送电检查和联动试验（包括机械部分）。

（3）润滑油、控制油系统运行正常。

（4）电动盘车试运转，转子转动正常，确认无异常声音后保持盘车。（电动盘车马达上的手轮必须取下）。

（5）对汽水系统进行检查。

1）对主蒸汽管路上的主闸阀进行启闭检查。

2）主闸阀、主汽阀、自动排汽阀、抽汽管路上的单向阀、闸阀、各疏水阀等均应处在关闭位置。

3）各蒸汽管路的布置都应该能自由膨胀，不受任何障碍，在冷态下测定各特定点的位置并作记录，以便暖机时作为测量热膨胀值的依据。

4）抽汽管道上的安全阀应处于投入状态。

（6）对调节保安系统进行检查，系统运行正常。

（7）检查滑销系统，汽轮机本体应能正常自由膨胀，在冷态下测量各膨胀间隙尺寸，并作记录。

（8）完成上述各项工作后，可通知锅炉房供汽暖管，并打开各疏水阀门和自动疏水器的旁路。

**二、启动汽轮机辅助系统**

汽轮机冲转前要投入润滑油系统及盘车装置、凝结水系统、抽真空系统和轴封系统。汽轮机启动前应连续盘车不少于2～4h，以进行摩擦检查和消除轴弯曲，因此汽轮机冲转前要投入润滑油系统及盘车装置。汽轮机冲转前要具有一定的真空值，所以要启动抽真空系统，并根据汽缸金属温度选择合适的时间投入温度合适的轴封蒸汽。凝结水系统主要作用是把凝结水从凝汽器热水井送至除氧器，并提供相关设备的冷却水。汽轮机辅助系统启动运转正常后才可以进行汽轮机的冲转升速工作。

**（一）启动汽轮机润滑油系统及盘车装置**

汽轮机油系统主要包括主油箱（注油器、溢油阀）、主油泵、交流控制油泵、交流润滑油泵、直流润滑油泵、冷油器、滤油器、排油烟装置、仪表及供给机组润滑所必需的辅助设备和管道，主油泵一般由汽轮机主轴带动，交流润滑油泵由电动机带动。汽轮机油系统可提供汽轮机、齿轮箱、发电机及其配套设备的全部润滑用油和调节用油。除主油泵和蓄能器外，油系统的其他设备都集成在整体底架上，称为油站。油站主要由交流控制油泵、交流润滑油泵和直流润滑油泵等组成，其一般布置在汽轮发电机组厂房的中间平台上。机组油系统采用控制油与润滑油分别由各自独立的油泵供油方式。

润滑油系统流程

**1. 主机润滑油系统流程**

润滑油正常运行油流回路：油箱→主油泵→冷油器→双筒滤油器→各轴承→回油管→油箱。

机组冷态启动时润滑油系统流程：油箱→交流润滑油泵→冷油器→双筒滤油器→各轴承→回油管→油箱。

厂用电失去时润滑油系统流程：油箱→直流润滑油泵→双筒滤网→各轴承→回油管→油箱。

主机润滑油系统在冷油器出口有一根溢流管道，防止油压过高造成油管路泄漏。当润滑油压大于安全阀起座压力时，安全阀动作，卸去油压；油压小于安全阀回座压力时，安全阀关闭。

在汽轮机启动前和停机后，用外力以一定转速连续转动或间歇转动汽轮机转子的装置，称为盘车装置。盘车装置启动前的检查如下：

（1）检查并确认主机润滑油系统已投入，润滑油压力正常，无报警，顶轴油系统运行正常，顶轴油压正常；

（2）检查并确认汽轮机为静止状态，转速为零转；

（3）检查并确认汽轮机轴承振动、轴承温度、轴向位移、胀差正常。

2. 启动交流润滑油泵

启动交流润滑油泵为汽轮机提供润滑油。根据油温调整冷油器冷却水量。当冷油器出口油温升高到 40℃时，适当调整工作冷油器回水阀门，维持冷油器出口油温在 35～45℃。

启动交流润滑油泵

3. 启动盘车装置

启动盘车电动机，观察汽轮机转速稳定在 9r/min 左右。4s 后如果汽轮机转速仍为 0，说明盘车齿轮没啮合，必须停盘车电动机。启动盘车后检查盘车装置运行情况，检查各轴承振动、轴向位移、胀差等参数。

启动盘车装置

（二）启动凝结水系统

凝结水系统主要设备包括凝汽器、凝结水泵、过冷器，凝结水再循环管、凝汽器水位调节阀等。为保证系统在启动、停机、低负荷和设备故障时运行的安全可靠性，系统还设置了众多的阀门和阀门组。

凝结水泵将凝汽器热井中的凝结水依次流经轴封加热器、过冷器、低压加热器，最后进入除氧器。其间还对凝结水进行加热、除氧、化学处理和除杂质。此外，凝结水系统还向各有关用户提供水源，如有关设备的密封水、减温器的减温水、各有关系统的补给水，以及汽轮机低压缸喷水等。5 号低压加热器水侧出口管道上引出一路排水管接至排地沟疏水管道，该管道在启动期间或凝结水水质不合格时使用，以排放水质不合格的凝结水，并对凝结

凝结水系统
工艺流程

水系统进行冲洗，当凝结水水质符合要求时，关闭排水阀，开启 5 号低压加热器出口阀门，凝结水进入除氧器。止回阀的作用是防止机组启动期间某些原因引起的凝结水压力过低，循环水倒流进入凝结水系统。

（三）启动抽真空系统

1. 抽真空系统的作用

（1）在机组启动初期建立凝汽器真空。

（2）在机组正常运行中维持凝汽器真空，确保机组的安全经济运行。

启动凝结水系统

2. 启动前的检查和准备

（1）真空泵轴承润滑油、冷却水正常。

（2）真空泵换热器注水排空后，打开换热器冷却水进出口阀门。

（3）打开真空泵进水阀门，注入适当的水。当液体从自动排水阀门流出时，关闭工作水。

（4）开启真空泵换热器出口至真空泵手动阀门。

（5）开启真空泵出口手动阀门。

（6）真空泵组分离器水位正常。

3. 启动真空泵组

（1）关闭真空破坏阀电动阀门。

（2）打开水环真空泵进口电动阀门。

（3）开启 1、2 号凝结水泵抽真空手动阀门。

（4）启动真空泵电动机，检查其入口电磁阀门连锁打开。

（5）检查凝汽器压力降低（真空升高），待凝汽器真空大于 60kPa 后投入备用泵连锁。

4. 真空泵的启动条件

（1）真空泵启动允许条件。必须同时满足下列所有条件：

1）水环式真空泵远方控制。

2）水环式真空泵控制电源无故障信号。

（2）真空泵连锁启动允许条件。满足下列任一条件即可：

1）连锁投入，运行泵跳闸，联启。

2）连锁投入，另一台真空泵运行且凝汽器真空低，联启。

（四）启动轴封系统

轴封蒸汽系统主要由密封（汽封）装置、轴封蒸汽母管、汽封减温减压器、轴封加热器、轴加风机等设备及相应的阀门、管路系统构成。

轴封系统流程

在汽轮机启动时，高压缸、中压缸和低压缸内的蒸汽参数都比较低，非常怕外部冷空气进入汽轮机内破坏真空，引起事故。因此，汽轮机启动时需要在转子伸出汽缸部分即轴封处，充入一定量的过热蒸汽密封汽缸，保护汽轮机。

汽轮机正常运行时，汽缸内蒸汽参数提高，一般是 50%～70% 额定工况下，高压缸内蒸汽会外漏，这时候通过汽封管路将这部分蒸汽送至低压缸汽封，密封低压缸，以保证低压缸内真空度，起到提高效率、保护叶片的作用。

启动轴封系统

轴封系统投入后，检查并确认汽轮机轴承温度、轴向位移、胀差、上下缸温差正常。汽封系统运行稳定后，将汽封压力调节阀门和汽封温度调节阀门投自动运行。

### 三、汽轮机冲转与升速

（一）汽轮机冲转前的检查准备

（1）确认机组各项保护动作试验正常。

（2）确认汽轮机润滑油系统已启动，油压正常，并投入油泵连锁。

（3）确认凝结水系统已投入、抽真空系统已投入、轴封系统已投入。

（4）确认汽轮机顶轴油泵已投入、盘车装置已投入，汽轮机转速为 9r/min。

汽轮机冲转前检查

（5）确认汽轮机暖管结束。

（6）做好冲转前各项记录，如汽温、汽压、真空、油温、油压、缸温、汽缸膨胀等。

（7）接到值长冲转命令后，汽轮机开始冲转。

（二）汽轮机冲转和低速暖机

（1）开启汽轮机入口电动主汽阀门前疏水电动阀门，打开汽轮机入口电动主汽阀门。

（2）在汽轮机就地开启汽轮机本体疏水阀门。

（3）启动交流控制油泵，检查其出口油压正常、汽轮机盘车装置正常、汽轮机转速为9r/min。

（4）投入汽轮机所有保护（A机试验、B机试验、排汽压力高、电气保护动作除外）。排汽压力高在汽轮机定速后投入，电气保护动作在并网后投入。

（5）在"ETS"上对汽轮机手动复位。

（6）检查并确认汽轮机已挂闸，自动主汽阀门全开，同时确认各油压正常、调速汽阀门关闭严密，注意汽轮机是否进汽。

（7）在DEH上点击"运行"，转速控制区域激活。

（8）设定目标转速500r/min，升速率每分钟100r/min。实际转速到500r/min后，进行全面检查。

（9）在500r/min下暖机5min，向轴封供汽，对机组进行摩擦检查。若发现缸内有异常摩擦声音或汽封油挡处冒火花，应立即打闸停机。

汽轮机冲转至
500转

（10）检查完毕后，设定升速率为每分钟200r/min，目标转速1400r/min。

（11）当转速达到1400r/min后，在此转速下暖机30min（注意升速中各轴承振动不超过0.03mm，否则降低转速至振动消除，延长暖机时间）。

（12）转子冲转后盘车装置应自动脱开，电动机自动停止，否则应手动停止，冲转后如果盘车不能自动脱扣，应立即破坏真空紧急停机。

（13）暖机过程中检查机组真空、各轴承油流、油温、振动及机组内部声音正常，排汽温度任何情况下不得超过100℃。

（三）汽轮机中速暖机和过临界

（1）低速暖机结束后，当冷油器出口油温达35℃以上时，检查机组无异常后，机组迅速而平稳地过临界。

（2）目标转速3400r/min，给定升速率每分钟200r/min，在临界转速区域DEH自动调整升速率为每分钟500r/min（达到2450～2900r/min升速期间，逻辑设定升速率为每分钟500r/min。转速过临界区域后，升速率自动降至每分钟200r/min），在8min内均匀升速至3400r/min。

汽轮机冲转
至3400转

（3）机组在过临界区域时轴承座最大振动值不应超过0.10mm，否则应立即打闸停机，严禁硬闯临界转速或降速暖机。

（4）注意升速中各轴承振动不超过0.03mm，否则降低转速至振动消除，延长暖机时间。

（5）汽轮机转速高于600r/min时，确认顶轴油泵停运。

（6）转速达到3400r/min后，在此转速下暖机20min，可根据情况延长暖机时间。

（7）当冷油器进口油温升高到40℃时，适当调节工作冷油器回水阀门，维持冷油器出口油温在35～45℃。

（8）中速暖机后，通知化学专业人员将凝结水取样化验。

（四）汽轮机高速暖机和定速

（1）中速暖机充分后，升速前将主蒸汽压力调整到3.2～3.4MPa，主蒸汽温度调整到320～350℃，保持50℃以上的过热度，同时应注意膨胀变化（以机头百分表为准）。

汽轮机冲转
至5500转

（2）设定升速率为每分钟 200r/min，目标转速 5000r/min，达到目标转速后在此转速下暖机 15min。

（3）设定升速率为每分钟 200r/min，目标转速 5500r/min。

（4）当转速达 5400r/min 左右时，调速系统动作。注意主油泵工作情况，确认其工作正常。

（5）当调速系统投入工作后，转速升至 5487r/min 时定速（达到 5450r/min 升速期间逻辑设定升速率为每分钟 50r/min）。

（6）汽轮机定速后，进行有关试验。全面检查一切正常后，停运交流启动油泵并投连锁，通知电气人员准备并列。

### 四、发电机并网

（一）并网前的检查与准备

（1）确认发电机励磁系统调节柜通道 A 永磁机电压空气开关处于分闸状态、通道 B 永磁机电压空开处于分闸状态、直流侧灭磁直流电源开关处于分闸状态。

（2）确认发电机出口断路器处在热备用状态。

（3）确认发电机转速达到额定转速 1500r/min。

（4）确认汽轮机进口蒸汽温度与汽缸的金属温度差小于规定值，冷态启动时应小于 240℃，温态启动时应小于 210℃。

（5）确认汽轮机和发电机各轴承振动、各轴瓦温度、汽轮机轴向位移、汽轮机胀差等参数没有偏离正常值。

（6）确认汽轮机上下汽缸的金属温差小于 50℃。

发电机并网操作

（二）发电机升压

（1）打开发电机保护、仪表 TV 柜，将手车摇至工作位置，合上电压测量开关，合上控制回路开关，合上操控回路开关。

（2）打开发电机励磁 TV 柜，将手车摇至工作位置，合上电压测量开关，合上控制回路开关，合上控制回路空开。

（3）合上发电机中性点隔离开关。

（4）打开发电机保护测控屏，投上各保护连接片，合上内部所有电源开关，将发电机 101 开关控制切换开关置于"远方"位置。

（5）打开发电机励磁系统调节柜，合上通道 A 永磁机电压开关，合上通道 B 永磁机电压开关，合上直流电源开关，将运行模式置于"自动"位置，恒定运行置于"0"位置。

（6）打开同期屏，合上直流电源开关，合上交流电源开关，"远方/就地"置于"远方"位置，同期方式置于"自动"位置，投上发电机出口 1 开关保护连接片。

（7）进入电气 DCS 发电机系统，点击发电机励磁开关，弹出发电机励磁开关操作画面，依次点击"选择""执行"按钮，将励磁开关合闸。励磁开关合闸后发电机自动升压，待发电机电压升高至额定电压 10.5kV 时，可同期并网。

（8）操作完毕，汇报值长。

（三）发电机并列

（1）依次点击发电机远方同期模式和发电机同期选择前面的"点此启动"按钮，同期屏显示同期点系统侧电压、频率值和待并侧电压、频率值，并向汽轮机 DEH 发送同期请求信号。

（2）检查并确认汽轮机 DEH 同期允许"请求"指示灯变亮，点击"同期允许"按钮，"同期允许"按钮变为红色。

（3）同期装置执行同期并网操作，待检测到同期点后发出同期合闸指令，自动合上发电机出口断路器。

（4）发电机并网成功后，可点击远方复归前面"点此启动"按钮，使同期装置复位，也可不操作，待同期装置自动延时复位。

（5）根据需要将励磁系统运行模式置于"恒功率因数"或"恒无功"位置，或者手动对发电机进行励磁调节。

（6）根据发电机风温情况，调整发电机空气冷却器冷却水阀门开度。

**五、汽轮机升负荷操作**

升负荷条件满足后，按下列步骤进行操作：

（1）进入汽轮机 DEH 系统，点击"功控"按钮，激活功控操作面板，设定目标功率为 12.5MW，设定负荷率为 0.3MW/min，控制汽轮机以 0.3MW/min 速率进行升负荷至 12.5MW。

机组升负荷
至 8MW

（2）缓慢关闭锅炉生火排汽阀门。

（3）关闭汽轮机本体疏水手动阀门。

（4）进入锅炉自动燃烧控制系统（锅炉 ACC），点击"主蒸汽流量"按钮，弹出操作面板，设定主蒸汽流量值为 56t/h。

（5）当机组负荷升至 2MW 时，投运低压加热器，操作步骤如下：

1）打开低压加热器进汽管道启动疏水阀门。

2）打开三段抽汽出口手动阀门。

3）当低压加热器疏水温度正常后，关闭低压加热器启动疏水阀门。

（6）当机组负荷升至 8MW 时，投运二段抽汽向除氧器供汽，操作步骤如下。

1）打开二段抽汽管道启动疏水阀门。

2）打开二段抽汽母管至各除氧器供汽手动阀门和启动疏水阀门。

3）打开二段抽汽管道电动闸阀。

4）将各除氧器蒸汽压力调节阀投入自动控制，压力设定值为 0.1MPa。

5）当除氧器疏水温度正常后，关闭各疏水手动阀门。

机组升负荷
至 12MW

（7）当机组负荷升至 12.5MW 时，停留暖机 8min。

（8）暖机后，设定目标功率为 25MW，以 0.3MW/min 的速率继续升负荷至 25MW。

（9）当机组负荷升至 15MW 时，联系锅炉运行人员，投运一段抽汽，操作步骤如下：

1）打开一段抽汽管道启动疏水阀门。

2）打开一段抽汽管道电动闸阀。

3）当一段抽疏水温度正常后，关闭各疏水手动阀门。

（10）当机组负荷升至 25MW 时，全面检查机组运行情况并做好相关记录。

# 第九章　垃圾焚烧发电机组运行调整

## 第一节　余热锅炉的调节

垃圾焚烧发电机组余热锅炉的调节主要包括锅炉蒸发量、过热蒸汽压力、过热蒸汽温度、汽包水位、排污调整等。

### 一、蒸发量调整

正常情况下锅炉蒸发量应达到额定值，锅炉额定蒸发量为 56.01t/h。蒸发量未达到额定值时，应根据垃圾量和垃圾发热量情况，逐步调整燃烧工况。

锅炉蒸发量的变化是根据要求进行调节的，当管网蒸汽量消耗较大时，锅炉出口主蒸汽压力降低，为保持其压力不降，则需要增大给水量、燃料量、风量，使锅炉在新的蒸发量基础上达到压力要求。当锅炉蒸发量达到额定值，蒸汽压力仍未达到额定值时，应调整燃烧并控制蒸汽流量使蒸汽压力达到额定值，这时给水流量和蒸汽流量值都应为额定值，且汽包水位处于正常水位。当蒸汽压力在超压正常值区段内，则需减小蒸汽和给水量，同时同步减小燃烧量，使其在维持管网要求压力下有相应的蒸发量。

### 二、蒸汽压力调整

锅炉运行时，汽压与负荷的变化总是紧密相关的。负荷突然增加时，汽压会立刻下降；负荷突然减少时，汽压会立刻上升。因此，锅炉值班员必须根据负荷的变化，及时调整燃烧，以保证锅炉在正常工作压力下运行。

1. 压力要求

(1) 过热蒸汽出口压力额定值为 4.0MPa。过热蒸汽出口压力高报警数值为 4.08MPa，保护数值为 4.16MPa。当压力达到保护值时，出口安全阀启动排汽保护。

(2) 过热蒸汽压力是锅炉运行中必须监视和控制的主要参数，锅炉过热蒸汽压力允许变化范围应为 ±0.05MPa。运行中应根据锅炉负荷的变化，适当调整锅炉的汽压，保持汽包压力不超过 4.8MPa。

(3) 必须监视和控制过热蒸汽压力，当锅炉压力变化时，应相应调整锅炉蒸发量和焚烧工况，保持过热蒸汽压力稳定。

2. 影响汽压变化的因素及判断

(1) 当锅炉汽压发生变化时，运行人员应能根据相关参数变化情况分析其原因。汽包内汽压是蒸发设备内部能量的集中表现，其值取决于输入与输出能量的平衡。当输入能量大于输出能量时，蒸发设备内部能量增多，汽压上升，反之汽压下降。具体分为内部扰动（简称内扰）和外部扰动（简称外扰）。

(2) 汽压降低时，如果蒸汽流量增加，则说明是外扰。促使汽压发生变化的外部原因主要是汽轮机负荷的变动，包括外界电负荷的变化对汽轮机的影响和事故情况下的负荷突变，以及管道爆破或并列运行的锅炉一台工况变动对另一台的影响。

(3) 汽压降低时，如蒸汽流量降低，则说明是内扰。促使汽压发生变化的内部原因主要是燃烧工况的变化，包括炉内垃圾太少或者太多、垃圾发热量波动较大、炉内大量漏风和风温过低等。

3. 汽压调整方法

（1）汽压的变动反映了锅炉蒸发量与外界负荷的关系。外界负荷是锅炉运行人员无法掌握的，是由汽轮机的需要来决定的。同时一定的压力对应一定的饱和温度，因此，控制汽压实质就是控制蒸发量，调节汽压就是调节燃料量及调节燃烧方式。蒸汽压力主要是通过改变燃料量（垃圾量）或改善垃圾焚烧状况来调整，天然气可作为辅助调节。增加燃料及加强燃烧，锅炉吸热量增加而产生更多的蒸汽，从而使压力升高，减少燃料及减弱燃烧，会使蒸汽压力降低；机炉要配合好，及时调整负荷，避免压力大幅波动。在运行过程中应根据汽轮机和热力管网用户的需要，并列运行锅炉的负荷分配，做相应调整。

（2）当外界负荷增加时，一是增加引风量，适当增加送风量，维持炉膛负压为 30～50Pa；二是可缓慢增加炉内垃圾层的厚度，加快炉排对垃圾的运动燃烧，扩大炉内的纵向着火面，在炉内含氧量稳定的情况下，加强炉内二次风的扰动和二次燃烧。

（3）当外界负荷减少时，一是减小送风量和二次风量，相应降低引风量；二是缓慢降低垃圾层的厚度，减弱炉排对垃圾的运动燃烧，缩小炉内的纵向着火面，在炉膛负压和炉内含氧量相对稳定的情况下减弱炉膛的燃烧工况。

（4）改变锅炉出口管道上的蒸汽阀门开度也可以改变蒸汽压力，阀门开大使压力降低，阀门关小使压力升高。

（5）在锅炉启停过程中，压力可由对空排汽进行调节。在事故情况下，汽压过高而对空排汽不足以泄压，在达到安全门动作值时，安全门将起跳，从而降低主汽压力。

**三、蒸汽温度调整**

1. 汽温要求

必须监视和控制过热蒸汽温度，中压锅炉过热蒸汽汽温的允许变化应为 -10～+5℃，当锅炉汽温变化时，应相应调整减温水量和焚烧工况，保持过热蒸汽温度稳定，当蒸汽温度剧烈波动时，应调整减温水量和蒸发量，必要时应停炉。

2. 汽温的影响因素

（1）烟气侧的主要影响因素：

1）炉内火焰中心的变化及燃料性质的改变，如垃圾发热量变化、水分率的增减、炉排运动方式的改变、炉膛负压的变化等引起的过热器入口烟温的变化。

2）炉内受热面的积灰、结渣等引起的传热工况的恶化。

3）过热器管的积灰、结渣等引起的传热工况的恶化。

（2）蒸汽侧的主要影响因素：

1）饱和蒸汽含湿量的影响。

2）减温水量的影响。

3）给水温度变化的影响。

4）锅炉负荷的影响。

5）过热器管内壁结垢影响传热以及喷水减温器喷嘴局部堵塞致使汽水混合不均。

3. 汽温的调节方法

（1）烟气侧可采用调整炉内燃烧来进行调节。

（2）蒸汽侧过热器出口汽温 395～410℃，如果温度高于此值时，应打开喷水减温器阀门，将给水通过减温器喷入蒸汽中，降低蒸汽焓值，使过热

主蒸汽温度低调整

器出口过热蒸汽温度在正常范围内运行。

主蒸汽温度高调整

（3）调整汽温时的注意事项。调整时不得猛增猛减，如温度偏离正常值，应立即查明原因予以消除。

**四、汽包水位的调整**

1. 水位要求

汽包正常水位处于汽包中心线下 50mm。高水位在正常水位线上 75mm，低水位在正常水位线下 75mm。报警水位（相对于正常水位）：±50mm；紧急放水水位：+100mm；MFT 水位：±185mm。水位显示是通过汽包上的两个双色水位计实现的，在电控里设有一个 19 点方位的电接点液位计及两只冲量控制装置，并有液面显示。汽包水位以就地水位表的指示为基准。锅炉运行期间水位在高、低水位之间变化，一般应控制在中心线正常水位。水位控制采用三冲量水位调节系统来实现。如果采用手动控制，则按要求开启给水泵和汽包水位调节阀，满足各工况下水位的要求。

汽包水位高调整

2. 水位调整方法

（1）运行中控制水位为 −50～+50mm，不能中断给水。给水应根据汽包水位计的指示进行调整，当给水自动装置投入运行时，仍须经常监视锅炉水位的变化，保持给水流量平衡，避免调整幅度过大，并经常对照给水流量与蒸汽流量是否相符，若给水自动装置失灵，应改为手动调整给水，并通知

汽包水位低调整

仪控维护人员。当水位达到报警高水位时，除了调节给水流量外，应开启紧急放水电动阀放水；当水位下降到报警低水位时，应立即报警并上水；当水位下降到极低水位时，控制系统给出停炉指令，立即停炉，在实际水位未确认之前不得强行补水。正常运行中，不得随意用事故放水调整水位。

（2）采用三冲量水位调节系统来实现水位控制。如果采用手动控制，则按上述要求开启泵和调节阀，满足运行工况下水位的要求。锅炉运行期间水位在高、低水位之间变化，一般应控制在中心线正常水位。

（3）当余热锅炉蒸汽压力及给水压力正常，汽包水位超过正常水位时，应在判断不属于虚假水位时减少给水，开启事故放水门或排污门，开启过热器和蒸汽管道疏水门，必要时应立即停炉，关闭主汽门、停止给水；当余热锅炉汽压及给水压力正常，汽包水位低于正常水位时，应增加给水，关闭所有排污门和放水门，降低蒸发量，检查承压部件是否损坏，必要时应停炉。

（4）发生汽水共腾时，应适当降低锅炉蒸发量，并保持稳定，开启排污门和事故放水门，停止加药，开启过热器和蒸汽管道疏水门，适当给水，确保汽水共腾时的汽包水位比正常水位略低，取样化验，采取措施改善炉水质量。

3. 注意事项

（1）锅炉正常运行时汽包就地水位计和其他水位计，应每班检查核对两次，运行中水位计检修后应小心缓慢并入系统。

（2）运行中遇到水位不明，在双色水位计看不到水位，用远程装置又难以判断时，应立即停炉并停止上水，并用双色水位计进行叫水。

（3）在运行中应定期冲洗水位计及平衡容器，经常保持两台汽包水位计完整，指示正确、清晰易见。

（4）当汽包水位计损坏时，应及时更换损坏的水位计；当全部汽包水位计损坏时，应立即停炉。

（5）当遇到下列情况时，应特别注意监视和调整水位：

1）锅炉负荷突增突减时。

2）燃烧工况异常时。

3）进行定期排污时。

4）向汽包内加药时。

5）给水压力变化较大时。

6）给水自动调节门有缺陷，高低水位报警信号装置动作不灵敏时。

4．水位计操作

（1）每班必须至少冲洗 1 次汽包水位计，冲洗程序如下：

1）开放水阀，冲洗汽管、水管及玻璃管。

2）关水阀，冲洗汽管及玻璃管。

3）开水阀，关汽阀，冲洗水管及玻璃管。

4）开汽阀，关放水阀，恢复水位计运行。

冲洗后，应与另一台汽包水位计对照水位，如指示不正常时，应重新冲洗。冲洗时，操作应缓慢，人脸勿正对水位计，并应戴防护手套。

关放水阀时，水位计中的水位应很快上升，并有轻微波动。如水位计中水位上升缓慢，则表明有阻塞，应再冲洗。

应定期对照远程水位装置与汽包水位计的指示，每班至少四次，其间隔时间应均匀。若指示不一致，应验证汽包水位计的正确性（必需时冲洗）。如远程水位装置指示不正确，应通知仪控维护人员，并按汽包水位计的指示控制给水。运行中，水位计泄漏、损坏，应做好记录并及时通知生产技术管理部门，具备检修条件的，检修人员应进行检修，消除故障。

（2）水位计投入操作如下：

1）微开水位计疏水阀。

2）微开汽侧阀，烘暖水位计。

3）2min 后微开水侧阀，关闭汽侧阀。

4）2min 后微开汽侧阀，关闭疏水阀。

5）缓慢开启水侧和汽侧阀。

（3）双色水位计叫水程序如下：

1）缓慢开启放水阀，注意观察水位，水位计有水位下降，表示轻微满水。若不见水位，则关闭汽侧，使水部分得到冲洗。

2）缓慢关闭放水阀，注意观察水位，水位计中有水位线上升，表示轻微缺水。

3）如仍不见水位，则关闭水侧，再开启放水阀，水位计中有水位线下降时，表示严重满水；无水位线出现时，则表示严重缺水。

**五、锅炉受热面清灰**

余热锅炉受热面在运行中必须定期清灰。清灰的时间和次数应根据设备

长伸缩式吹灰器

结构、清灰方式和运行情况在焚烧锅炉操作规程中做出规定。清灰前，应适当提高炉膛负压，保持燃烧稳定；清灰时，禁止打开检查孔观察燃烧情况。根据烟气流程轮

流清灰，应避免同一台锅炉同时使用两台或更多的清灰器。

1. 锅炉清灰系统运行的一般规定

（1）为了清除受热面积灰、结渣，保持受热面清洁，提高锅炉安全经济运行水平，应定期进行清灰。

（2）吹灰、清灰时，必须遵守 GB 26164—2010《电业安全工作规程》的有关规定。

（3）吹灰应得到值长同意，保持燃烧稳定，适当增加炉膛负压，加强对过热蒸汽温度的监视与调整。

（4）当锅炉低负荷运行时，不宜吹灰。发生事故时，应立即停止吹灰。

2. 自动吹灰流程

本系统的自动吹灰流程为按照顺烟气正向吹灰方式从第一组开始到第五组吹灰结束，吹灰完成。吹灰完毕后自动系统自动停止，吹灰工作时间为 10min 左右。在一个吹灰流程里每个吹灰点吹灰三到五次，也可根据余热锅炉运行参数的变化判断积灰情况，调整吹灰间隔。

（1）吹灰系统投运条件。

1）锅炉运行稳定。

2）送风机工作平稳，风量、风压正常；引风机投运正常。

3）乙炔压力不低于 0.08MPa，且至少有 2 瓶乙炔同时供气。

4）系统电源电压正常，熔断器无异常指示，初始流量值、初始压力值显示正常。

5）系统周围无电焊、气焊等有明火的施工作业。

6）应征得值长同意。

（2）吹灰操作流程。

1）打开乙炔房内乙炔汇流排上的所有阀门。

2）打开 2 瓶乙炔，将乙炔瓶旋塞阀开到最大。

3）把乙炔管路上减压阀压力调节到 0.15MPa 后。

4）按正常顺序启动系统，开始吹灰。

5）注意观察控制柜面板指示及仪表显示数值。

6）吹灰结束后，关闭乙炔瓶旋塞阀和乙炔充罐总成上的阀门。

3. 蒸汽吹灰的操作程序

（1）全开疏水系统疏水门，稍开吹灰用汽总门，打开吹灰用汽分汽门的电动门和旁路门进行暖管。

（2）疏水排尽后，应关闭疏水门，开大吹灰用汽总门，开启准备吹灰组一次阀门。

（3）调整吹灰用汽总门，维持压力，进行程控自动吹灰，自动吹灰时间不超过 2min。逐组吹灰完毕，关闭吹灰用汽总门，开启疏水阀。

（4）吹灰后应检查吹扫风是否开启，有无漏气。

### 六、锅炉排污

1. 锅炉定期排污和连续排污

为了保持受热面内部清洁，避免炉水发生汽水共腾及蒸汽品质变坏，必须对锅炉进行有效的排污。连续排污是从循环回路中含盐浓度最大部位放出炉水，维持额定的炉水含盐量。定期排污补充连续排污的不足，从锅炉下部联箱排除炉内的沉淀物，改善炉水品质。锅炉排污量由化水部门确定，排污操作应遵守 GB 26164—2010《电业安全工作规程》的有关规定。

锅炉必须确保连续排污和定期排污正常，并根据汽水化验结果调整排污量。排污时应加强对汽包水位的监视和调整，保持汽包水位稳定，遇下列情况时，应立即停止排污：

（1）汽压或给水压力急剧下降。

（2）汽包水位低于正常水位。

（3）排污系统发生水冲击时。

（4）排污系统泄漏，大量汽水喷出，可能造成人身设备事故时。

2. 定期排污注意事项

（1）排污前应对排污系统进行检查，确认无误后，方可进行排污。

（2）开排污门时应缓慢，防止发生水冲击。若发生水冲击时，则应关小排污门，待水冲击消失后再缓慢开大排污门进行排污。

（3）下联箱排污必须单个进行。下联箱排污不准同时进行，其排污门全开时间不应超过半分钟。

（4）排污时应注意汽包水位变化，运行不稳或发生事故时，立即停止排污。

（5）排污时应先开隔绝门，再开调整门。排污完毕，应先关调整门，再关隔绝门。

## 第二节　燃　烧　调　整

### 一、调节任务及要求

燃烧调节的任务是使燃烧产生的热量适应负荷变化的需要，使锅炉出口汽压和温度稳定在一定范围内，并保证燃烧的经济性。燃烧调节是靠自动燃烧控制系统，调节燃料量和风量的变化，迅速适应负荷变化和保证燃烧的经济和安全。在负荷不变时应及时清除燃料量和风量的自发性扰动，稳定锅炉负荷。调节系统中燃料量和风量是直接测量信号，为保证燃烧的经济性在适当比例基础上再以烟气的含氧量来校正送风量，送风量必须高于燃料燃烧的最低量，确保燃料完全燃烧。焚烧炉正常运行时，燃烧室内的火焰应在燃烧炉排横向分布均匀，燃尽炉排应无明显红火，炉排上料层厚度呈阶梯逐渐分布，炉排运动均匀，锅炉两侧的烟气温度均匀。过热器两侧的烟气温度差控制在 30～40℃，燃烧室负压 30～100Pa，微负压运行，含氧量 6%～12%，一次风温可达 300℃，二次风温可达 220℃，炉膛烟气温度应保证在 850～950℃，炉渣热灼减率小于 3%，一氧化碳含量日均值小于或等于 80mg/m³，余热锅炉出口氧含量符合要求。

焚烧炉燃烧调节要熟练掌握自动燃烧控制系统调整原理，能通过 ACC 控制系统把机组投垃圾量、垃圾层厚度、垃圾燃烧位置、热灼减率最小化（燃尽炉排上部温度）、炉内温度、烟气氧气浓度、负压等参数调整到相应的数值，保证完成正常垃圾焚烧任务，并达到相应的安全环保及经济性要求。

调节燃烧是垃圾焚烧发电厂参数调整中最重要的调整操作之一，同时也是技术难度最大的一部分内容。调节燃烧主要在 ACC 管理画面进行操作，ACC 的控制内容涵盖了所有与燃烧相关的操作。

### 二、垃圾燃烧质量

1. 影响垃圾燃烧质量的因素

（1）垃圾灰分含量、水分含量和垃圾发热量。

（2）垃圾在炉排上的停留时间。

（3）垃圾在炉排上的厚度。

（4）炉膛的热负荷。

（5）风量的大小、配比及风温。

（6）干燥、燃烧、燃尽炉排和剪切刀的配合。

（7）垃圾在炉排上的左右侧均衡（不偏斜）和前后均匀。

2. 垃圾燃烧质量的调整

（1）垃圾进入料斗前要在垃圾储坑内存放 3～5d，并充分搅拌。

（2）根据垃圾的湿度和炉排上的垃圾厚度调节炉排下风门挡板的开度。

（3）垃圾在炉排上的停留时间可以通过炉排速度来调节。

（4）垃圾的厚度是通过给料炉排的速度调节。一般在上部保持 500mm，炉排末端约为 300mm，燃烧完全。

（5）炉膛热负荷是根据蒸发量的设定值而定，尽量保持额定负荷。

（6）经常检查炉排上垃圾燃烧情况，及时调整给料炉排速度和干燥、燃烧、燃尽炉排的速度。

（7）正常运行时，锅炉出口烟气含氧量维持在 5%～8%。

（8）注意锅炉运行时的漏风情况。

### 三、燃烧参数调整

1. 给料及炉排速度控制

给料及炉排速度控制（炉 ACC 管理画面 1）如图 9-1 所示。

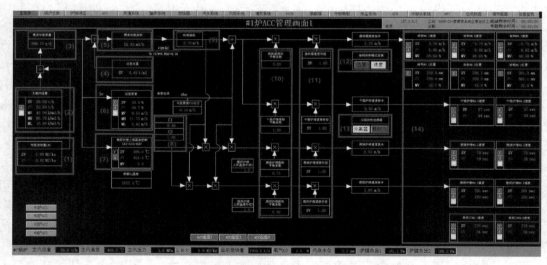

图 9-1　给料及炉排速度控制（炉 ACC 管理画面 1）

（1）垃圾发热量，单位为 MJ/kg，用符号 LHV 表示低位发热量。

LHV 的设定值（SV），根据垃圾成分进行调整，当和计算 LHV 值（PV）相差 2.00MJ/h 时需要进行调整，基础值：SV＝7.00MJ/h。SV 值一般不用调整。

（2）主蒸汽流量，单位为 t/h。

根据机组负荷需求调整蒸发量的设定值（SV），SV 的操作量 1h 最大到 2t/h。急速增大设定值，大量过量空气供给到炉内，产生急速燃烧可能使炉膛内温度降低，影响垃圾干燥。当蒸汽量 PV 比 SV 大幅度降低时，一段时间内把 SV 降到 PV 大小，然后逐步提高 SV 值，缓慢恢复到原来的蒸汽量。SV＝56.01t/h 时，焚烧量＝600t/d。

（3）需求垃圾质量，单位为 t/d。

根据蒸发量和 LHV 的设定值自动计算的垃圾焚烧量。

（4）垃圾密度，单位为 $t/m^3$。

含水分多或是较重的垃圾在投料时，就把垃圾密度的 SV 设定值增大，如果投料是密度较小的垃圾，就把垃圾密度的 SV 设定值减小，根据垃圾质量的不同来调整垃圾密度的设定值。SV 值为 0.40～0.50$t/m^3$，单次的操作量最大为 0.01$t/m^3$，操作后要观察 30min 以上，根据燃烧情况再做下一次调整。设计垃圾密度基础值 SV＝0.45$t/m^3$，SV 值一般不用调整。

（5）需求垃圾体积，单位为 $m^3/h$。

根据计算垃圾焚烧量和垃圾密度自动计算的垃圾需求体积。

（6）垃圾厚度，单位为％。

根据垃圾成分和燃烧负荷调整垃圾厚度。在 A 模式下调整设定值（SV）值时，SV 应在 35％～50％，单次最大的操作量为 2％，操作后至少需观察 1h。垃圾成分差的时候，垃圾厚度变薄对增强燃烧具有良好的效果。

（7）燃尽炉排上部温度控制，单位为℃。

燃尽炉排上部温度控制在 C 模式下运行。燃尽炉排上部温度高时，应减慢燃烧炉排和燃尽炉排的速度来调整。

（8）垃圾厚度系数。

垃圾层厚度控制系统调整用的界面，不要进行设定变更。

（9）标准速度，单位为 m/h。

根据垃圾移动量自动计算出的垃圾的基准运行速度。

（10）炉排推料平衡系数。

推料器及各个炉排速度的平衡系数，保持垃圾均匀投入及运行，是对垃圾基准速度的修正系数。这是调整用的界面，不能进行变更。

（11）炉排速度补偿。

推料装置及各炉排的速度补充的设定值（SV）增大，速度就会变快，速度补充的 SV 值减小，速度就会变慢。SV 值在 0.50～1.50，单次的操作量最大为 0.10，操作后要观察 30min 以上。基础值：SV＝1.00。

（12）推料器速度指令。

推料器位置传感器故障时可选择速度控制，通常选择位置控制。

（13）垃圾控制选择器，分离器/剪切刀。

选择剪切刀模式，当蒸汽量 PV 比设定值 SV 大幅度下降，直到蒸汽量 PV 回归时，剪切刀和炉排按照相同速度动作。

分离器模式，遇到低发热量的垃圾和垃圾层比较厚的时候选择此模式。当蒸汽量 PV 比设定值 SV 大幅度下降或炉内温度在 880℃左右波动时，剪切刀在 35s 连续运行，干燥炉排会停运一段时间（60s）再运行。

通常选择剪切刀模式。

（14）给料器速度、位置，单位为 m/h、mm。

推料装置、各炉排及剪切刀的速度在 C 模式下运行。由于燃烧状态不良需要变更为手动操作时，当燃烧状态稳定后，要还原到 C 模式下运行。

2. 炉排风量控制

炉排风量控制（炉 ACC 管理画面 2）如图 9-2 所示。

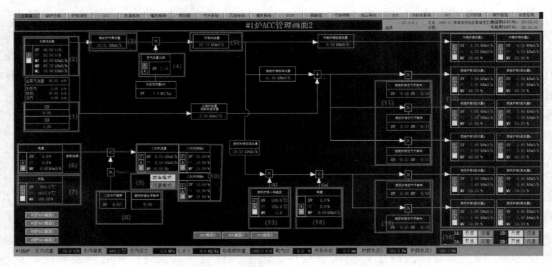

图 9-2　炉排风量控制（炉 ACC 管理画面 2）

（1）燃烧炉排风量系数。这是蒸发量控制系统内部计算调整用的界面，不要进行设定变更。

（2）主蒸汽流量，单位为 t/h。

（3）理论空气需求量，单位为 km³/h。根据蒸发量设定值和理论空气量自动计算。

（4）空气过量比例。过量空气系数的设定值（SV），绝对不能变更。SV＝1.15。

（5）标准风流量，单位为 km³/h。根据理论空气量和过量空气系数，自动计算垃圾燃烧必要的基准空气量。

（6）氧量，单位为％。$O_2$ 浓度控制的设定值（SV）在 7.0％～9.0％进行设定。基础值：SV＝8.5％。

（7）炉温，单位为℃。炉内温度控制请在 C 模式下运行。

（8）二次风平衡率，燃尽炉排空气平衡率。根据二次风平衡率和燃尽炉排空气平衡率设定值（SV），可以对二次风和燃尽炉排空气的分配进行调节。1～4 号炉的设定值是不同的，不要进行变更。

（9）二次风流量模式。当二次风的流量过低不能正常表示时，可以切换到从风机的转数计算流量的频率模式。

（10）二次风流量，二次风挡板。二次风流量，二次风挡板 A/B 在 C 模式下运行，可对炉内温度进行控制。根据燃烧状态，可以将二次风挡板 A/B 调节至 A/M 模式，对二次风流量进行手动调整，操作结束后返回在 C 模式下运行。

（11）燃烧炉排空气平衡率。根据燃烧炉排空气分配系数的设定值（SV）来调整主蒸汽流量设定值（SV）对应的燃烧空气量，决定每段燃烧炉排燃烧空气量的分配比率。燃烧炉排空气平衡率 SV 的单次调节量最大为 0.016，6 个 SV 值的总和保持为 1。基础值：燃烧炉排 1 段 A/B 侧空气平衡率 SV＝0.16，燃烧炉排 2 段 A/B 侧空气平衡率 SV＝0.17，燃烧炉排 3 段 A/B 侧空气平衡率 SV＝0.17。

（12）炉排风量，单位为 km³/h。干燥炉排风量和燃烧炉排风量在 C 模式下运行。根据燃烧的状态，干燥空气和燃烧空气的流量可以切换至 A/M 模式进行手动操作，手动操作结束后还原到 C 模式下运行。

（13）燃尽炉排上部温度，单位为℃。燃尽炉排上部温度 PV 比设定值 SV 高时，通过减慢燃尽炉排速度进行调节。

（14）氧量，单位为％。根据氧气浓度控制二次风流量和燃尽炉排分配的空气量。

（15）燃尽炉排空气平衡率。根据燃尽炉排空气平衡率的设定值（SV），调整燃尽炉排各段的风量分配比例。SV 的操作量一次最大为 0.01，四个 SV 的总和为 1。基准值：燃尽炉排 1A/1B 平衡率 SV＝0.35，燃尽炉排 2A/2B 平衡率 SV＝0.15，SV 值一般不用操作。

（16）燃尽炉排风量控制模式。当燃尽炉排风量在低流量区域时，从流量模式切换到用挡板开度来计算流量的挡板模式。

3. 焚烧炉总貌

焚烧炉总貌如图 9-3 所示。

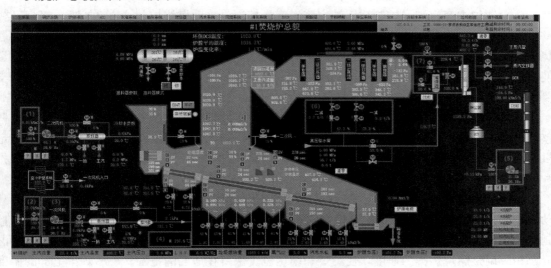

图 9-3　焚烧炉总貌

（1）二次风机入口挡板。二次风机入口挡板在 100％M 模式下运行。

（2）一次风机入口挡板（燃烧空气入口挡板）。一次风机入口挡板在 100％M 模式下运行。

（3）一次风机变频调节（燃烧空气压力）。燃烧空气压力在 A 模式下运行，不要变更设定值 2.2kPa。改变燃烧空气压力的设定值，不会改变一次风量。即使为了减少一时的燃烧空气量而进行操作，炉排下方挡板会自动打开，空气量不会发生变化。

（4）一次风温度（燃烧空气温度）。在 C 模式下运行燃烧空气温度。C 模式下，炉内温度降低时，设定值自动增加进行补偿。A 模式下设定值（SV）在 110～220℃内操作，垃圾潮湿时应设定较高的温度。

（5）引风机变频调节（炉内压力调节）。引风机变频调节在 A 模式下运行，稳定燃烧时不要对设定值进行变更。如果变更 SV 值，燃烧状态将发生改变。

（6）余热锅炉蒸汽减温水。减温器在 A 模式下运行，基本上不用手动操作。蒸汽温度急剧变化时即使全开/全关调节阀，温度也不会马上有变化。由于减温水量的急剧变化导致蒸汽量也会急剧变化，影响 ACC 调整的功能。不要手动介入进行急剧调整操作。

（7）省煤器出口烟温控制。在 C 模式下运行省煤器出口烟温控制，不要手动介入进行急剧调整操作。

### 四、ACC 操作要领

自动燃烧控制（automatic combustion control，ACC）是指垃圾焚烧炉的自动燃烧运行过程。控制过程主要指垃圾从进入焚烧炉进料斗、在炉膛内进行燃烧到燃尽成为炉渣的过程。控制对象为垃圾推料器、炉排、一次风门挡板、二次风门挡板及排渣机等设备。ACC 的目的是通过自动调整使成分及发热量不断变化的垃圾完全焚烧，实现焚烧炉长期稳定运行，保持稳定的蒸汽量，减少垃圾有害物质的排放和生成，另外能够消除手动运行时容易出现的操作滞后、误判等引起的运行问题。

ACC 主要由以下六项控制构成：

（1）锅炉主蒸汽流量控制。锅炉主蒸汽流量控制是自动燃烧控制 ACC 的主要控制环路。一定的垃圾量对应相应的锅炉蒸发量，ACC 系统通过垃圾层厚度控制，能够定量的供应燃烧炉排上的垃圾量，运行中通过对燃烧炉排的一次风流量进行调整来控制锅炉主蒸汽流量，使主蒸汽流量稳定化。锅炉主蒸汽的流量设定值是用于计算垃圾焚烧量、标准空气量等的主要数据。

（2）垃圾层厚度控制。通过测量燃烧炉排第一层垃圾的上下压差，计算垃圾层厚度。调整推料器、干燥炉排以及燃烧炉排的速度，使燃烧炉排上的垃圾层厚度稳定化。垃圾的稳定供应，一是为了防止因垃圾供应不足或过剩而引起的炉内温度降低；二是可以维持干燥炉排和燃烧炉排之间的落差，使进入燃烧炉排的垃圾块容易破碎。

（3）垃圾燃烧位置控制。由于垃圾质量的不断变化，炉排上垃圾燃烧的位置会前后移动。例如：垃圾的 LHV 降低时，垃圾的燃烧位置往下游移动。垃圾燃烧位置控制能适当控制炉排上的垃圾燃烧位置和燃尽位置。垃圾燃烧位置的控制是通过监视燃尽炉排上部的温度，相应调整燃烧炉排的速度，使燃烧和燃尽位置保持在适当的范围。燃尽炉排上部的温度高，适当减小燃烧炉排的速度。

（4）热灼减率最小化控制。热灼减率最小化控制是通过测量燃尽炉排上部的温度来预测未燃烧垃圾量的多少，根据测定的温度，在调整燃尽炉排底部风量的同时，调整燃尽炉排的速度，从而处理未燃烧垃圾。

（5）炉温控制。如果炉内温度稳定，蒸汽的发生量也同样稳定，烟气中的污染物排出量也能降低。炉内温度的控制是通过调整二次风量实现温度稳定。炉温控制在 850℃以上，烟气在此温度下停留 2s 以上，大部分二噁英会分解，减少对环境危害。

（6）烟气氧浓度控制。烟气中的一氧化碳浓度与烟气中的氧气有关。空气不足时，一氧化碳浓度上升、氧气浓度下降。烟气中氧气浓度的控制是通过调整燃尽炉排的风量实现氧气浓度的稳定。

**五、焚烧炉燃烧调整的方法**

垃圾燃烧的好坏主要是通过给料器、炉排的速度和一二次风量的大小来调节。正常运行时，垃圾的燃烧主要是通过调节给料和风量，风量的调节要与现场炉膛着火情况相结合，这就要求经常到现场看火，只有通过看火才能了解炉内垃圾情况，是厚了还是薄了，多了还是少了、垃圾有没有堆积、燃烧是否完全。当负荷需要增加时，就要增大垃圾量，即加大给料器的速度，随着垃圾量的增加，一次风量也要增加。风量增加的多少要通过观察炉膛出口氧量的变化、炉膛着火的情况和炉膛温度的变化来判断，同时，也要根据炉膛垃圾的实际情况，来调节风量以及料层厚度，使炉膛各部分的垃圾都能充分燃烧。

1. 炉排和给料的调整

锅炉运行中，应注意观察焚烧炉干燥、燃烧、燃尽炉排左右炉排垃圾的堆放情况，在理想燃烧情况下，干燥、燃烧、燃尽炉排的料层是逐渐减薄，火焰在燃烧炉排上的料层是分布均匀，垂直燃烧。

运行中可能会出现干燥炉排堆料太多，燃烧炉排料少或无料，燃尽炉排跑光，或干燥炉排无料，燃尽炉排和燃烧炉排堆料较多，造成排渣机出生料，或左侧有料而右侧无料，左侧无料而右侧有料，导致炉膛左右温度偏差较大。因此在运行中应对炉排的运动速度，炉排上料层和火焰分布，燃料发热量情况进行综合分析，找出温差不均，燃烧不均，排渣机出生料，炉排负荷过重等原因，再做出相应调整。

在垃圾发热量较高时，燃烧速度快，可采取加快进料速度和不改变炉排运动速度的方法提高料层，也可采取加快进料速度和降低炉排运动速度的方法提高料层。由于降低炉排运动速度弱化了燃烧但会使料层厚度降低，因此在调整时增加进料速度比降低炉排运动速度对垃圾厚度的影响要大。

另外要严密观察炉内堆料情况，炉内堆料太多会造成炉排过负荷和排渣机出生料。炉内堆料太多可采取减少进料速度和适当加快炉排运动速度或不改变炉排运动速度降低料层，同样前者减少的量较后者增加的量对厚度的影响要大。

在调整燃烧过程中，如出现料层偏薄应通过加快进料速度或加快进料速度的同时调整炉排的运动速度。

在垃圾发热量较低时，燃烧速度慢可以采取少进料、勤进料和适当减慢炉排运动速度的方法来增加料层，此时应仔细观察炉排和料层的情况，防止进料太多造成炉排过负荷和火床中断的现象。

2. 风量的调节

一次风的主要作用是为垃圾的燃烧提供氧气，维持炉内过量空气系数，同时冷却炉排。一次风由送风机抽出垃圾储坑上部的空气，经过空气预热器加热至220℃，送入炉排下部的风室，供垃圾烘干、燃烧和燃尽用。一次风应参考炉排上垃圾的燃烧情况灵活调节，燃烧区间后移可适当增加一次风量

风量调节

强化燃烧速度，促使燃烧位置前移保证垃圾燃尽。当燃烧区间前移或主燃烧区料层变薄缺料时，应主动减少一次风量减缓燃烧速度，促使料层厚度增加，避免燃烧脱节。冬季气温低，垃圾含水量高，干燥着火时间长，为提高其干燥速度，风量较夏季略高。燃烧用一次风在满

足垃圾正常燃烧需要的同时，力求尽可能降低，这样可有效减少热损失，提高燃烧效率。

炉膛压力高调整

　　二次风的主要作用是加强炉内的气流扰动，促进炉内未燃尽的可燃气体和可燃灰分完全燃烧。增加一次风的条件是炉膛内过量空气系数过低或氧量过低，当炉内燃烧工况较好，一次风量较大或已达到最大，氧量值又明显偏低时，可增加二次风量，保证炉内燃烧工况的稳定和燃料的完全燃烧。

　　当炉内燃烧工况较差或氧量明显偏高，燃料较少，风温较低时，不宜增加一次风或二次风，此时应结合炉内的燃烧情况、燃料发热量情况及炉排运动情况进行综合分析，做出正确的判断再进行风量的加减。

炉膛压力低调整

　　3. 炉膛负压

　　炉膛负压是监视燃烧的参数之一，当炉内燃烧工况发生变化时，会迅速引起炉膛负压的改变，因此，运行中必须监视好炉膛负压，根据不同的情况做出正确的判断，及时进行调整和处理。

　　炉膛负压通过引风机变频器进行调节，通常保持为-50～-30Pa。

# 第三节　汽轮机运行监视与调节

　　为了保证汽轮机设备安全经济运行，运行人员除了用各种直观方法对设备的运行情况进行检查和监视以外，更主要的是通过各种仪表对设备的运行情况进行监视分析并进行必要的调整，以保持各项数值在允许变化范围内。

　　机组的运行情况和设备状态的变化均由参数的变化反映出来，因此机组正常运行时需要经常监视主要参数的变化，以了解设备的运行状态。这些参数包括：

　　• 蒸汽参数。主蒸汽的压力和温度；调节级汽室和各段回热抽汽的蒸汽压力和温度；排汽压力和排汽温度。

　　• 汽轮机状态参数。机组的转速和功率；转子轴向位移和相对胀差；转子的振动和偏心度；高、中压缸及其进汽阀门金属温度；旁路管道金属温度；汽缸的内、外壁和法兰内、外壁温差；上下缸温差；各支持轴承和推力轴承的金属温度。

　　• 油系统参数。控制油和润滑油供油母管压力；冷油器后油温和轴承回油温度；调节系统控制油的压力和温度；各油箱的油位和油质。

　　• 各辅助设备和系统的运行状态。加热器和水泵的投入和切除；给水、凝结水、循环水系统各处的压力和温度；凝汽器、除氧器、回热加热器等的水位。

　　汽轮机运行监视调节的任务包括：

　　• 经常监视、检查与分析各仪表指示，每小时抄表一次，发现仪表读数和正常值有差别时，应立即查明原因，正确处理；发现设备有缺陷，应及时填写缺陷单，并报告值长，做好记录。

　　• 经常倾听机组内部声音，检查轴承振动、机组转速、负荷、汽温、汽压、真空、油温、油压、发电机进出口风温、轴向位移、油箱油位、低压加热器进出口水温等。

　　• 运行时严格按保护定值参数调整。对于 4×600t/d 垃圾焚烧炉发电机组系统对应的汽轮机各参数监视值见表 9-1。

表 9-1　　　　　4×600t/d 垃圾焚烧炉发电机组系统对应的汽轮机各参数监视值

| 名称 | 单位 | 上上限 | 上限 | 正常 | 下限 | 下下限 | 备　注 |
|---|---|---|---|---|---|---|---|
| 主蒸汽压力 | MPa | | 4.0 | 3.8 | 3.5 | | 上下限报警 |
| 主蒸汽温度 | ℃ | | 405 | 395 | 380 | | 上下限报警 |
| 真空 | ka | | | | −87 | −61 | 下限报警、下下限停机 |
| 排汽温度 | ℃ | 100 | 65 | | | | 上限报警、上上限投减温器 |
| 轴封压力 | ka | | 29.4 | | 2.94 | | 上下限报警 |
| 润滑油温 | ℃ | | 45 | | 35 | | 上下限报警 |
| 润滑油压力 | MPa | | 0.15 | | 0.08 | 0.06 | 上限停、0.09MPa 联启交流润滑油泵；0.08MPa 联启直流油泵；下限停机；下下限停盘车 |
| 安全油压 | MPa | | | 1.0 | | | 上限报警 |
| 主油泵出口油压 | MPa | | | 0.50 | 0.12 | 0.09 | 上下限报警、下下限联启交流电动油泵 |
| 凝汽器液位 | mm | | 500 | | 130 | | 上下限报警 |
| 凝结水母管压力 | MPa | | | 1.25 | 0.7 | | 联动备用泵 |
| 低压加热器液位 | mm | | 300 | | 100 | | 上下限报警、L＝425mm |
| 轴向位移 | mm | +1.3 | +1.0 | | −0.6 | −0.7 | 上下报警、上上下下限停机 |
| 1～4 号轴承振动 | mm | 0.05 | 0.04 | ＜0.03 | | | 上限报警、上上限停机 |
| 油箱液位 | mm | | 900 | 800 | 700 | | 上下限报警 |
| 推力瓦温 | ℃ | 110 | 100 | | | | 上限报警、上上限停机 |
| 1、2 号径向瓦温 | ℃ | 110 | 100 | | | | 上限报警、上上限停机 |
| 3、4 号径向瓦温 | ℃ | 85 | 80 | | | | 上限报警、上上限停机 |
| 1～4 号径向油温 | ℃ | 75 | 65 | | | | 上限报警、上上限停机 |
| 推力瓦回油温 | ℃ | 75 | 65 | | | | 上限报警、上上限停机 |
| 疏水箱液位 | mm | | 1600 | | 300 | | 上限启泵、下限停泵 |
| 除氧器液位 | mm | | 1600 | | 1200 | | 上下限报警 |
| 除氧器温度 | ℃ | | | 130 | | | 上下限报警 |
| 除氧器压力 | MPa | | | 0.27 | | | 上下限报警 |
| 除氧蒸汽压力 | MPa | | | 0.43 | | | 调整调门开度，开启一抽 |
| 给水母管压力 | MPa | | | 6.5 | | | 下限报警、联动备用泵 |
| 除盐水母管压力 | MPa | | | 0.79 | | | 联动备用泵 |
| 循环水池液位 | mm | | 4200 | 3800 | 3500 | | 上限停补水、下限补水 |
| 循环水母管压力 | MPa | | | 0.25 | | | 下限报警、联动备用泵 |
| 冷却水母管压力 | MPa | | | 0.40 | | | 下限报警、联动备用泵 |
| 发电机进风温度 | ℃ | | 40 | 25～30 | 20 | | 调整冷却水门 |
| 发电机出风温度 | ℃ | | 75 | ＜65 | 20 | | 调整冷却水门 |

在运行维护中必须认真执行各机组运行规程所规定的数值，加强检查、分析、调整、维护，使这些参数维持在允许的变化范围内，保证机组安全经济运行。

## 一、汽轮机运行调整的规定

（1）应根据运行工况，监视主蒸汽压力、主蒸汽温度，其变动范围应正常。

（2）润滑油系统油压、油温变化应正常。

（3）凝汽器水位应正常，凝结水水质应合格。

（4）回热系统应正常投入，加热器出口水温应符合设计数值。

（5）汽轮机在适宜的真空下运行，凝结水不应有过冷却现象，排汽温度和凝结水温度之差一般为 $1\sim2℃$，凝汽器循环水进出口温度应正常。

## 二、运行参数的监视、调节

### 1. 主蒸汽温度和压力的监视、调整和故障处理

（1）主蒸汽压力应在制造厂规定范围内变化。

（2）主蒸汽压力升高超过规定上限，应迅速降低锅炉主蒸汽压力至额定值。

（3）主蒸汽压力降低超过规定下限，应适当降低负荷，当继续降低到制造厂规定停机数值，应联系故障停机。

（4）主蒸汽温度应在制造厂规定范围内变化。

（5）主蒸汽温度升高超过规定温度上限，应根据厂家规定及具体情况降低锅炉主蒸汽温度至额定值或者联系故障停机。

（6）主蒸汽温度降低超过规定温度下限，应根据厂家规定及具体情况升高锅炉主蒸汽温度至额定值或者降低负荷直至零，并应根据下降程度及时打开主蒸汽管道上的疏水门。

### 2. 凝汽器真空的监视、调整和故障处理

（1）真空允许变化数值，应符合制造厂的规定。

（2）真空降低，应检查确认循环水量、轴封蒸汽压力、凝汽器水位、抽气设备工作状况、真空系统，查明原因。

（3）当循环水量中断或水量减少使真空降低时，如果真空急剧下降，循环水泵跳闸时，应立即关闭其出口，防止其倒转，并应立即启动备用泵；如启动不成功，应迅速降低汽轮机负荷至零，打闸停机。如果真空缓慢下降，循环水量不足时，应检查循环水泵出口压力、冷却塔水位、凝汽器循环水进出口温度是否正常，根据检查结果采取相应措施处理。

（4）当轴封蒸汽压力低而使真空降低时，特别在负荷降低时，应注意调整轴封蒸汽压力和温度。

（5）当凝汽器水位高使真空降低时，凝汽器满水的处理方法应为立即开启备用凝结水泵；如果凝汽器冷凝管破裂或管板泄漏，导致凝汽器内水位升高、凝结水硬度增加时，应停止破裂的半侧凝汽器及时处理；如果凝结水泵故障，应及时启动备用水泵，停止故障水泵。

（6）当水环真空泵故障使真空降低时，如果分离器水位过低应开启补水门直至恢复到正常；若水环水温过高则应检查冷却器工作情况；如果真空泵工作不正常或效率降低，应及时启动备用抽气器，停止故障抽气器。

（7）当真空系统不严密使真空降低时，应及时检查真空下运行管路的水封水源、更换盘根、拧紧螺丝等。

### 3. 汽轮机转速

汽轮机转速应在制造厂的允许范围内，当发生严重超速且危急保安器未动作时，应立即手打危急保安器，破坏真空，紧急停机，并检查调速汽门、自动主汽门、抽汽止回阀是否关

闭；当发现主汽阀、抽汽止回阀未关严时，应迅速关严。

4. 轴向位移的监视、调整和故障处理

（1）轴向位移允许变化数值，应符合制造厂的规定。

（2）当发现轴向位移逐渐增大时，应特别注意推力轴承温度。

（3）当轴向位移超过正常值时，应迅速减轻负荷，使轴向位移降到额定值以下，检查推力轴承温度，测量机组振动，并倾听汽轮机内部及轴封处有无异响，检查汽轮发电机组各轴承振动。

（4）当轴向位移增大，并伴随不正常声响、噪声和振动，或者轴向位移在空负荷运行情况下超过极限值时，应迅速破坏真空，紧急停机。

5. 甩负荷的监视、调整和故障处理

（1）当发电机突然甩负荷和电网解列后，功率表为零，转速上升并稳定在一定值，调速汽门自动关小，调速系统可以控制转速，危急保安器未动作，应控制汽轮机转速到额定值，调整轴封蒸汽，检查轴向位移和推力轴承温度，检查机组振动和机组内部有无异响，调整凝汽器水位，检查主蒸汽参数，一切正常后，可重新并列带负荷。

（2）当发电机突然甩负荷后，功率表为零，转速升高后降低，调速汽门和自动主汽门全关，调速系统不能控制转速，危急保安器动作，应确定调速汽门、主汽阀、抽汽止回阀完全关闭，转速不再上升，否则应关闭相应截止门。当油压降低时立即启动油泵，调整轴封蒸汽，检查轴向位移和推力轴承温度，检查机组振动和机组内部有无异响，调整凝汽器水位，检查主蒸汽参数，设定调速器转速到相对低值，缓慢开启主汽阀，平缓提升转速到正常值，调速系统正常后可重新并列带负荷。

6. 负荷骤然升高的监视、调整和故障处理

（1）应迅速检查功率表和调速汽门位置，如果负荷超过规定值，应降低负荷。

（2）应检查推力轴承温度、主蒸汽温度、主蒸汽压力、油温、油压、真空是否正常。

（3）应检查轴向位移、振动。

（4）应检查凝汽器水位。

7. 油系统监视、调整和故障处理

（1）进入轴承的油温应保持为 35～45℃，温升不应超过 15℃。合格的油温是轴瓦油膜形成的必要条件，油温升高会使油的黏度降低，致使油膜破坏，油温过低，油的黏度增大，造成轴瓦油膜不稳定，引起振动。

（2）根据化学监督要求，应定期对润滑油进行检测，当负荷变化时应注意调整轴封蒸汽压力，防止由于压力过高漏汽到油系统，使油质迅速劣化。

（3）油系统油压应在正常范围波动，主油泵声音失常时，应注意油系统中油压变化，及时发现不正常情况。必要时应迅速破坏真空，缩短惰走时间，紧急停机。

（4）当发现轴承油温普遍升高时，应检查冷油器出口油温及润滑油压，增大冷油器冷却水管上水阀开度，并检查滤水网是否阻塞。

（5）运行中应保持系统中有足够的油量，即油箱油位应在正常范围内。为了正确监视油位，应在油箱上装设油位指示器，一旦发现油位降低，应检查油系统各个部件，找出油位降低的原因，消除漏油并补充新油。

主机润滑油
温度高调整

（6）冷油器的工作情况：当冷却水温度、压力不变而冷油器出口油温与出口水温的差值增大时，表明冷油器的冷却表面脏污应进行清洗；如冷却水进出口温差增大而出口水温和出口油温差不多，则表明冷却水量不足，应增大冷却水量。为防止铜管泄漏时造成油中进水恶化油质，应始终保持冷油器油侧的压力大于水侧的压力。

（7）运行中油系统着火不能立即扑灭时，应迅速破坏真空故障停机，立即通知消防人员到现场同时采取最有效办法灭火。火势仍无法扑灭时应将油放至事故油池内，并切断故障设备电源，减小火灾损失范围，避免影响其他机组运行。

除氧器水位高调整

8. 除氧器的运行调整

（1）工作正常后投入温度、压力、水位自动调节，除氧器紧急放水门投自动（水位高于 1700mm 时自动打开）。

（2）保证压力为 0.27MPa，出水温度在 130℃以上。

（3）出水含氧量应小于 7μg/L。

除氧器水位低调整

（4）水箱水位保持 1200～1600mm；影响除氧器给水箱水位的因素有机组负荷、给水泵的运行状况、补充水量的大小、凝结水泵出口调节阀的开度、事故放水门是否误开等，当水位超过正常范围时，应检查各种因素并相应的调整。

（5）送向除氧器的各水源应均匀连续，避免时断时续，达不到除氧要求，在任何情况下，包括汽轮机骤降负荷或突增补充水时，必须及时增加供汽量，防止除氧器的压力降低，给水泵入口给水发生汽化。

（6）除氧器运行中要保证供汽，使排汽管有少量蒸汽冒出适合为准。

（7）定期冲洗各种表计。

（8）每小时抄表一次，并与往常对照。若发现异常，应查明原因，采取措施，消除异常；设备有缺陷时，应填写缺陷单。

（9）每班至少将 DCS 上水位显示与就地水位计对照一次。

9. 给水泵的运行调整

（1）经常检查水泵运行情况，水泵及电机内部无异响，电流值正常。

（2）经常检查轴承油位应正常，油质良好，否则应加油或换油。

（3）检查轴承不发热，振动不大于 0.05mm。

（4）检查盘根不发热，各冷却水应畅通，盘根有少量水流出。

（5）每小时抄表一次，并与以往值对照。如有不正常变化，应及时查明原因，设法消除；发现设备有缺陷，应报告值长并填写缺陷单。

（6）经常检查备用泵应处于可靠的备用状态。

（7）不允许水泵出水门关闭或出水量很少的情况下长时间运行。

10. 低压加热器的运行调整

（1）每 2h 定期进行巡视检查。

（2）保持低压加热器疏水水位在水位计 1/2 处，若水位不正常的升高应立即查明原因。

（3）低压加热器端差不应超过 5℃。

（4）当低压加热器故障停用时，应先停运汽侧和空气系统，然后先开启低压加热器水侧旁路门，再关闭进出水门。

11. 冷却塔的运行调整

（1）运行中应严密无漏泄，水量均匀充足，淋水装置完整。

（2）循环水前池应严密无漏泄。

（3）循环水前池水位应保持在正常水位，防止循环水前池水位过高造成跑水和防止水位过低影响循环水泵正常运行。

（4）循环水前池格栅滤网应定期进行清扫，保证循环水泵的稳定运行。

（5）值班人员在值班中，应定期对冷却塔进行巡回检查，做好交接班记录。

12. 凝结水泵的运行调整

（1）在运行过程中注意检查泵体振动和声音等是否正常。

（2）检查盘根甩水量是否正常。

（3）经常检查轴承润滑油油位是否正常。

（4）检查水泵轴承温度不得超过 75℃，电机轴承温度不得超过 80℃。

13. 漏汽冷凝器（轴封加热器）的运行调整

（1）检查水封水位是否正常。

（2）检查风机运行正常。

14. 水环真空泵的运行调整

（1）如果泵内液体中积有杂质，可暂时打开排水管道，使之随液体排出。

（2）定期打开侧盖上的观察孔，检查泵内部情况。

（3）运转期间要随时观察填料的松紧程度。

（4）使用新填料时，由于会遇水膨胀，安装时应稍放松填料压盖。运行后可通过水来检查温度，如上升，则再放松填料压盖，对于泵外供水的填料函，则应通过调节密封水压力来控制温升或泄漏量。

（5）尽管填料压盖是松的，水温仍上升时，应暂时增加密封水压力或停机，直到填料函能正常冷却为止。

（6）如果填料长期运行之后不能进行调整，则应完全更换，再上新填料之前要清洗填料腔，装填料时使切口相互错成 90°。

（7）轴承润滑。泵机组运行超过一年，或在不利条件下超过半年时，轴承必须重新润滑，轴承润滑必须严格遵守以下规定：

1）不同牌号的润滑剂不能混合使用，否则会降低润滑油质量。

2）特殊情况下应偏移标准润滑参数。如果泵在以原始为依据的高温下运行或环境脏时，应缩短润滑间隔。

3）润滑剂采用锂基润滑脂 ZL-3。一般来说，对于 2BW4-253-0-BL4 的水环真空泵，第一次加油应在运行 2000h 后进行，以后每隔 5000h 后再添加润滑油，其加油量应占油腔的 1/3 左右，根据经验判断加油量的数值。

15. 循环水泵的运行调整

（1）在运行过程中注意检查泵体振动和声音等是否正常。

（2）经常检查轴承润滑油油位是否正常。

（3）不允许在规定的最低吸入水位之下长期运行。

（4）应根据化学监督要求，定期对凝结水、循环冷却水、润滑油、控制油进行检测，确保品质合格。

## 第四节　机组事故处理

### 一、事故处理原则

（1）发生任何事故应立即采取一切可行措施，首先解除对人身、电网和设备的威胁，必须迅速限制事故发展，消灭事故根源，采用一切可能的方法保证设备继续安全运行。

（2）事故处理过程中，可以不使用操作票，但必须遵守有关规定。在对运行方式不清楚的情况下，不得盲目处理，防止事故扩大。

（3）事故发生时，所有值班员应在值长指挥下，迅速果断地按照规程处理事故，及时将处理情况汇报值长。对值长的命令，除对人身及设备的安全有直接威胁时可以拒绝执行外，其他均应坚决执行。

（4）事故发生时不得人为干预保护、自动装置、事故记录仪的工作，不得修改和删除任何记录。遇到自动装置故障时，值班人员应正确判断，及时将有关自动装置切为手动，调整工况，维持机组稳定运行，并汇报值长，通知检修人员。

（5）在发生规程没有列举的事故现象时，运行人员应根据自己的知识和经验分析判断，主动采取对策，果断处理并及时汇报。

（6）在事故处理的过程中对厂或部门及专业技术人员所提出的意见，值班员应参照执行，如与值长的命令有矛盾时，应请示值长决定处理方法。各值班人员在事故处理中均应做好汇报请示工作。

（7）事故处理完毕，值班人员应将事故发生的时间、现象、发展的过程及采取的处理措施等进行详细的记录。

（8）当事故发生在交接班时，应暂停交接班，并由交班人员负责处理，接班人员可在交班人员的要求和指挥下协助处理，待事故处理告一段落时，得到双方值长的同意后，方可办理交接班手续，交班人员应将事故发生及处理前后经过详细登记入簿。

（9）事故发生时运行值班人员，应恪守岗位，不得擅离岗位，以保证自己所管辖的设备安全运行。

（10）事故处理过程中应注意保留现场。

### 二、锅炉停运

1. 锅炉紧急停炉

遇有下列情况之一，锅炉紧急停炉。

（1）所有水位计损坏，无法监视汽包水位；

（2）主给水管道、主蒸汽管道、减温水管道爆破，危及人身设备安全时；

（3）炉管爆破，虽加强进水仍不能维持汽包水位时，或影响其他运行锅炉的正常水位；

（4）锅炉燃油管道爆破或着火，威胁设备及人身安全时；

（5）严重满水；

（6）严重缺水；

（7）厂用电中断或 DCS 故障，短时间内无法恢复；

（8）炉墙破裂且有倒塌危险，危及人身或设备安全时；

（9）燃烧室后部烟道再燃烧，烟温不正常升高，危及后部烟道设备安全。

2. 锅炉跳闸联动设备

（1）一次风机停运。

（2）二次风机停运。

（3）炉墙冷却风机停运。

（4）空气加热器、预热器进汽阀关闭。

（5）推料器停运。

（6）炉排停运。

（7）运行中的燃烧器停运。

3. 锅炉紧急停止后的处理

（1）监视汽包水位，保持正常水位。

（2）保持引风机运行（特殊情况除外），维持炉膛压力正常。

（3）注意垃圾料斗内的温度，防止回火。

（4）开启锅炉对空排汽阀，保持过热器压力不升高。

（5）炉排下一次风挡板全部关闭（特殊情况除外），以便尽快熄火。

（6）给水门关闭后，锅炉停止上水时应开启省煤器再循环（省煤器爆破时除外）。

（7）若尾部烟道再燃烧应立即停止风机，密闭烟风挡板，严禁通风。

（8）迅速采取措施消除故障，做好恢复准备工作，汇报上级，记录故障情况。

（9）短时无法恢复时，上水至汽包高水位（炉管爆破不能维持水位时除外），关给水门，关连排、加药、取样二次门。其余操作按正常停炉处理。

4. 锅炉 MFT

（1）现象：

1）MFT 动作，发出报警。

2）跳闸所有联动设备。

3）蒸汽流量下降。

4）焚烧炉内温度下降。

（2）原因：

1）锅炉汽包低低水位－185mm，锅炉汽包高高水位＋185mm。

2）引风机跳闸。

3）压缩空气母管压力低于 0.42MPa。

（3）处理：

1）调节给水流量，保持汽包水位正常。

2）迅速查明 MFT 动作原因。

3）如 MFT 动作原因在短时间内难以查明或消除，应按停炉处理，并保持锅炉处于热备用状态。

4）如 MFT 动作原因能在短时间内查明并消除，可按热态启动恢复锅炉运行。

5）如因引风机故障应尽快查明跳闸原因，若非风机本身故障，予以消除，然后恢复机组运行；风机本身故障，应汇报值长。

### 三、紧急、故障停机

1. 紧急停机

汽轮机在下列情况下，应破坏真空紧急停机：

(1) 机组突然发生强烈振动或金属撞击声；

(2) 转速升至 6035r/min，超速保护装置不动作；

(3) 汽轮机发生水冲击或主汽温度在 10min 内突然下降 50℃；

(4) 轴端汽封冒火花；

(5) 任何一个轴承断油或轴承回油温度突然上升到 75℃以上；

(6) 轴承回油温度超过 75℃，瓦温超过 110℃，或轴承内冒烟；

(7) 油系统失火，且不能很快扑灭，严重威胁机组安全运行；

(8) 油箱内油位突然下降至最低油位以下，且无法恢复时；

(9) 润滑油压降至 0.08MPa；

(10) 转子轴向位移超过极限值，且保护未动作；

(11) 主蒸汽管道或附件爆裂，无法隔离或恢复，危及机组安全时；

(12) 水管道或附件爆裂，无法隔离或恢复，危及机组安全时；

(13) 油管道或附件爆裂，无法隔离或恢复，危及机组安全时；

(14) 调节保安系统发生故障，无法维持；

(15) 发电机冒烟着火；

(16) 所有控制压力表失灵，无法监控时。

2. 紧急停机操作步骤

(1) 手拍紧急停机按钮，检查确证负荷到零，自动主汽门、调速汽门及抽汽止回阀均已关闭严密，检查发电机是否解列，注意机组转速的变化，如机组未解列，及时通知电气尽快解列发电机；

(2) 启动交流润滑油泵，维持润滑油压正常；

(3) 调整轴封压力，保持汽轮机轴封正常供汽；

(4) 停水环真空泵组，开启真空破坏门，全开凝结水再循环门，关闭低压加热器出水门，注意维持凝汽器及除氧器水位正常；

(5) 真空到零，停止向轴封供汽；

(6) 转子静止，投入连续盘车，记录惰走时间及盘车电流，测量大轴挠度，注意倾听机组内部声响；

(7) 其他操作按正常停机步骤进行。

3. 故障停机

(1) 汽轮机在下列情况下，应不破坏真空故障停机：

1) 进汽压力大于 4.1MPa 或进汽温度大于 410℃；

2) 进汽温度小于 320℃；

3) 凝汽器真空下降，减负荷至零，仍低于 −62kPa；

4) 调节连杆脱落或者打断，调节汽阀卡死；

5) 轴承振动大于 0.06mm；

6) 调速汽门全关，发电机出现电动机运行方式，时间超过 3min；

7）DEH、DCS、TSI 系统故障或计算机死机无法恢复，致使一些重要参数无法监控，不能维持机组正常运行。

（2）汽轮机在下列情况下 15min 内不能恢复时，应不破坏真空故障停机：

1）进汽压力低于 3.2 MPa 而大于 3.1MPa；

2）进汽温度低于 340℃但高于 330℃；

3）凝汽器真空低于－73kPa 但高于－62kPa。

（3）故障停机的操作步骤：

1）手拍危急保安器或手按紧急停机按钮，检查确证负荷到零，自动主汽门、调速汽门及抽汽止回阀均已关闭严密，检查发电机是否解列，注意机组转速的变化，如机组未解列，及时通知电气尽快解列发电机；

2）启动交流润滑油泵，维持润滑油压正常；

3）除上述操作外，其他步骤按正常停机进行。

4. 发电机发生下列情况之一者，应立即停机

（1）急需停机的人身事故。

（2）发电机内部冒烟、着火。

（3）励磁机冒烟、着火。

（4）发电机发生强烈振动。

（5）汽轮机发生严重故障。

（6）发电机定、转子铁芯温度达极限。

（7）发电机轴承回油温度高或润滑油中断。

（8）发电机主保护拒动。

**四、炉排故障及处理**

（一）炉排故障1：垃圾未充分混合，局部发热量低

1. 现象

（1）主蒸汽流量降低。

（2）炉膛温度下降。

（3）垃圾厚度、垃圾着火状态急剧下降。

2. 处理方法

（1）退出干燥炉排和燃烧炉排 ACC 控制，调至手动模式，投入炉排单周期运行，或者调至自动模式，修改炉排速度设定值，适当加快炉排推料速度，将炉排垃圾着火状态调整至正常范围内，调整过程中注意维持各炉排厚度在正常范围内。

（2）将燃尽炉排一次风调节挡板调节至手动控制，减小燃尽段一次风流量，维持燃尽炉排上部温度正常（380～580℃）。

（3）将干燥炉排一次风调节挡板调节至手动控制，适当增加干燥段一次风流量，加快干燥段新料干燥速度。

（4）将燃烧炉排一、二、三段调节挡板调节至手动控制，适当调节风量维持炉膛正常

燃烧。

（5）调节二次风挡板 A、B 调节阀，维持省煤器出口含氧量在正常范围内（5%～8%）。

（6）参数调整过程中燃烧炉排垃圾平均厚度在正常范围（45%～53%）。

（7）参数调整过程中炉膛计算炉温 $T_0$ 在正常范围（950～1070℃）。

（8）参数调整过程中燃烧炉排上部温度不小于 800℃。

（9）故障处理过程中，避免炉膛温度低于 860℃。

（10）避免炉膛低于 860℃ 后，0.5min 内未启辅助燃烧器，温度未高于 860℃。

（11）避免故障触发 10min 后，炉膛温度未高于 900℃。

（12）避免故障处理过程中，燃烧段炉排垃圾厚度未在正常范围（第一级 30%～70%，第二级 20%～60%，第三级 20%～50%）。

（13）避免故障处理过程中，燃尽炉排上部温度不在正常范围（380～580℃）。

（14）避免故障处理过程中，炉膛负压不在正常范围（—200～＋100Pa）。

（15）避免故障处理过程中，燃烧炉排一次风流量不在正常范围（5～10.5km³/h）。

（16）避免一、二次风挡板调节过程中，调节幅度过大（10s 时间内开度调节大于 5）。

（17）避免燃烧炉排第三级垃圾着火状态为零时，增大燃烧炉排三段调节挡板开度。

（18）避免燃烧炉排第二级和第三级垃圾着火状态小于正常值二分之一时，炉排一次风流量大于正常值的 1.2 倍。

（二）炉排故障 2：垃圾厚度低

1. 现象

（1）燃烧段垃圾厚度下降。

（2）炉膛温度先上升后快速下降。

（3）着火状态延迟后垃圾厚度急剧下降。

2. 处理方法

（1）将燃烧段炉排一、二、三段一次风调节挡板调节至手动控制，调节各段燃烧炉排一次风风量在正常范围。

（2）将 ACC 系统垃圾厚度控制切换至自动模式，缓慢增加垃圾厚度设定值 SV 至 60% 左右（59%～61%），增加 SV 数值与调节一次风量、调节燃烧炉排同时进行。

（3）将燃尽段炉排一、二段调节挡板调节至手动控制，根据燃尽段炉排上部温度适当降低燃尽段一次风流量。

（4）退出燃烧炉排 ACC 控制，调至手动模式，投入炉排单周期运行，或者调至自动模式，修改炉排速度设定值，适当加快炉排推料速度，调节燃烧炉排垃圾厚度在正常范围（第一级 30%～70%，第二级 20%～60%，第三级 20%～50%）。

（5）调节燃烧炉排第二级和第三级着火状态在正常范围（第二级 60%～80%，第三级 40%～70%），调整过程中注意维持各炉排厚度在正常范围。

（6）调节二次风挡板 A、B 调节阀，维持省煤器出口含氧量在正常范围（5%～8%）。

（7）参数调整过程中控制燃烧炉排上部温度不小于 830℃。

（8）参数调整过程中控制炉膛计算炉温 $T_0$ 在正常范围（950～1070℃）。

3. 处理要求

（1）故障处理过程中，避免炉膛温度低于860℃。

（2）故障处理过程中，避免炉膛低于860℃后，0.5min 内未启辅助燃烧器，温度未高于860℃。

（3）故障处理过程中，避免故障触发10min 后，炉膛温度未高于900℃。

（4）故障处理过程中，避免燃尽炉排上部温度不在正常范围（380～580℃）。

（5）故障处理过程中，避免炉膛负压不在正常范围（-200～+100Pa）。

（6）故障处理过程中，避免减少 ACC 系统主蒸汽流量设定值 SV 的过程中，调节幅度过大。

（7）故障处理过程中，避免燃烧炉排一次风流量不在正常范围（5～10.5km³/h）。

（8）故障处理过程中，避免燃烧炉排第二级和第三级垃圾着火状态小于正常值二分之一时，炉排一次风流量大于正常值的1.2倍。

（三）炉排故障3：氧量过高

1. 现象

（1）省煤器出口氧量升高。

（2）炉排一次风调节挡板在手动控制模式。

（3）炉排二次风调节挡板在手动控制模式，且开度过大。

2. 处理方法

（1）适当减少干燥炉排入口调节挡板 A、B 开度，调节干燥段一次风流量在正常范围（干燥段炉排风量为 4.3km³/h 左右）。

（2）适当增加燃烧炉排调节挡板开度，调节燃烧段一次风流量在正常范围（燃烧炉排一段风量为在 6.9km³/h 左右，燃烧炉排二段风量为 7.2km³/h 左右，燃烧炉排三段风量为在 7.2km³/h 左右）。

（3）适当减少燃尽炉排调节挡板开度，调节燃尽段一次风流量，维持燃尽段炉排上部温度正常。

（4）缓慢减小二次风挡板 A、B 的开度至15%左右，维持省煤器出口烟气含氧量在正常范围（5%～8%）。

（5）故障处理过程中，炉温变化率稳定（绝对值不大于3℃/min）。

（6）故障处理过程中，燃烧炉排垃圾厚度在正常范围（第一级 30%～70%，第二级 20%～60%，第三级 20%～50%）。

（7）故障处理过程中，燃烧炉排第二级和第三级垃圾着火状态在正常范围（第二级 60%～80%，第三级 40%～70%）。

（8）故障处理过程中，燃烧炉排上部温度不小于830℃。

（9）故障处理过程中，炉膛计算炉温 $T_0$ 在正常范围（950～1070℃）。

（10）故障处理过程中，燃烧炉排垃圾平均厚度在正常范围（45%～53%）。

（11）主蒸汽流量恢复正常（56t/h）后，投入各段炉排一次风调阀 ACC 控制。

（12）故障处理过程中，避免炉膛温度低于 860℃。

（13）故障处理过程中，避免炉膛低于 860℃后，0.5min 内未启辅助燃烧器，温度未高于 860℃。

（14）故障处理过程中，避免故障触发 10min 后，炉膛温度未高于 900℃。

（15）故障处理过程中，避免燃尽炉排上部温度不在正常范围（380～580℃）。

（16）故障处理过程中，避免炉膛负压不在正常范围（—200～＋100Pa）。

（17）故障处理过程中，避免各段炉排一次风调节挡板调节过程中，调节幅度过大（10s 时间内调节幅度大于 10%）。

（18）故障处理过程中，避免二次风调节挡板调节过程中，调节幅度过大（10s 时间内调节幅度大于 10%）。

（四）炉排故障 4：垃圾局部发热量高

1. 现象

（1）炉膛温度升高。

（2）主蒸汽流量增加。

（3）垃圾着火状态未增加。

2. 处理方法

（1）ACC 系统主蒸汽流量控制方式保持自动方式；缓慢减少主蒸汽流量设定值 SV，减少垃圾给料量，检查主蒸汽流量变化情况和炉温变化率，主蒸汽流量开始减少。

（2）退出燃烧炉排 ACC 控制，投入燃烧炉排单周期运行或者投入燃烧炉排自动控制，增大燃烧炉排速度设定值 SV，减少燃烧炉排推料频率，增加燃烧炉排垃圾滞留时间。

（3）将燃烧炉排调节挡板投入手动控制模式，缓慢减少燃烧炉排一次风流量，观察炉膛炉温变化率。

（4）将燃尽炉排一次风调节挡板调节至手动控制，调节燃尽段一次风流量，维持燃尽炉排上部温度正常。

（5）当炉温变化率小于零时，缓慢增加一次风流量至正常范围，同时增加 ACC 系统主蒸汽流量设定值 SV 至 56t/h，注意风量和设定值 SV 调节幅度。调节二次风挡板 A、B 调节阀，维持省煤器出口含氧量在正常范围。

（6）故障处理过程中，主蒸汽流量恢复至 56t/h 左右。

（7）故障处理过程中，燃烧炉排第二级和第三级垃圾着火状态在正常范围（第二级 60%～80%，第三级 40%～70%）。

（8）故障处理过程中，炉温变化率稳定（绝对值不大于 3℃/min）。

（9）故障处理过程中，炉膛计算炉温 $T_0$ 在正常范围（950～1070℃）。

（10）故障处理过程中，燃烧炉排垃圾平均厚度在正常范围（45%～53%）。

（11）故障处理过程中，避免炉膛温度高于 1200℃。

（12）故障处理过程中，避免炉膛负压不在正常范围（—200～＋100Pa）。

（13）故障处理过程中，避免汽包压力大于 5.15MPa，锅炉生火排汽阀连锁打开。

（14）故障处理过程中，避免省煤器出口氧量不在正常范围内。

（15）故障处理过程中，避免燃尽炉排上部温度不在正常范围（380～580℃）。

（16）故障处理过程中，避免燃烧炉排推料过快，燃尽炉排着火状态过高（燃尽炉排着火状态大于 20％）。

（17）故障调整过程中，避免燃烧段炉排厚度不在正常范围（第一级 30％～70％，第二级 20％～60％，第三级 20％～50％）。

（18）燃烧炉排一次风挡板调节过程中，避免调节幅度过大（10s 时间内调节幅度大于 5％）。

（19）ACC 系统主蒸汽流量设定值 SV 调节过程中，避免调节幅度过大（10s 时间内调节幅度大于 2t/h）。

（五）炉排故障 5：垃圾水分大

1. 现象

（1）炉温下降。

（2）主蒸汽流量下降。

2. 处理方法

（1）将干燥炉排退出 ACC 控制，投入干燥炉排单周期运行，减少干燥炉排推料频率，使垃圾充分干燥。

（2）将干燥炉排入口调节挡板 A、B 投入手动控制，增加干燥炉排一次风流量，对垃圾水分进行干燥。

（3）汇报值长，申请减负荷运行；逐步减少 ACC 系统主蒸汽流量设定值 SV 至 40t/h，注意调整幅度不可过大，造成炉膛燃烧和炉膛负压不稳。

（4）将垃圾厚度切换至自动控制，修改垃圾厚度设定值至 55％左右。

（5）调节二次风挡板 A、B 调节阀开度，维持省煤器出口烟气含量在正常范围（5％～8％）。

（6）将燃尽炉排一、二段调节挡板切换至手动控制，适当调节燃尽段一次风流量，维持燃尽段炉排上部温度正常范围。

（7）主蒸汽流量稳定至 40t/h 时，炉温变化率稳定（绝对值不大于 3℃/min），要求主蒸汽流量在 40t/h 左右。

（8）故障处理过程中，避免炉膛温度低于 860℃。

（9）故障处理过程中，避免炉膛低于 860℃后，0.5min 内未启辅助燃烧器，温度未高于 860℃。

（10）故障处理过程中，避免炉膛负压不在正常范围（-200～+100Pa）。

（11）故障处理过程中，避免燃尽炉排上部温度不在正常范围（380～580℃）。

（12）故障处理过程中，避免干燥段炉排推料过慢，垃圾厚度过厚（垃圾厚度大于 80％）。

（13）故障处理过程中，避免 ACC 系统主蒸汽流量设定值 SV 调节过程中，调节幅度过大（10s 时间内调节幅度大于 2t/h）。

（14）故障处理过程中，避免二次风入口挡板调节过程中，调节幅度过大（10s 时间内调节幅度大于 10％）。

(15) 故障处理过程中，避免一次风入口挡板调节过程中，调节幅度过大（10s 时间内调节幅度大于 10％）。

**(六) 炉排故障 6：一次风量分配不合理**

**1. 现象**

(1) 炉膛温度升高，主蒸汽流量增加。

(2) 燃烧炉排一次风调节挡板在手动控制模式，且挡板开度不合理。

(3) 炉排二次风调节挡板在手动控制模式，且开度过大。

**2. 处理方法**

(1) 缓慢减少燃烧炉排一段调节挡板 A、B 开度，调节燃烧炉排一段一次风流量在正常范围（燃烧炉排一段风量为 6.9km³/h 左右）。

(2) 缓慢减少燃烧炉排二段调节挡板 A、B 开度，调节燃烧炉排二段一次风流量在正常范围（燃烧炉排二段风量为 7.3km³/h 左右）。

(3) 缓慢减少干燥炉排入口调节挡板 A、B 开度，调节干燥段一次风流量在正常范围（干燥段炉排风量为 4.2km³/h 左右）。

(4) 缓慢减小二次风挡板 A、B 的开度至 15％ 左右，维持省煤器出口烟气含氧量在正常范围（5％～8％）。

(5) 主蒸汽流量减少至接近 56t/h 时，投入燃烧炉排各段调节挡板 ACC 控制，投入干燥炉排入口调节挡板 ACC 控制。

(6) 各段炉排一次风调节挡板投入 ACC 控制后。此时炉膛温度在正常范围内，主蒸汽流量在正常范围内，垃圾厚度 PV 值在正常范围内，炉排上部温度不小于 830℃。

(7) 故障处理过程中，避免炉膛温度高于 1200℃。

(8) 故障处理过程中，避免汽包压力大于 5.15MPa，锅炉生火排汽阀连锁打开。

(9) 故障处理过程中，避免炉膛负压不在正常范围（—200～＋100Pa）。

**(七) 炉排故障 7：1 号炉炉排卡死**

**1. 现象**

(1) 燃烧炉排故障。

(2) 炉膛温度下降，主蒸汽流量下降。

**2. 处理方法**

(1) 将锅炉就地炉排液压系统液压油压力设定值修改为 14MPa，检查并确认炉排故障未消除；恢复液压油压力设定值为 12MPa。

(2) 汇报值长，调整无效，申请停运故障设备。

(3) 停止燃烧炉排运行。

(4) 汇报值长，联系检修进行处理。

(5) 将燃烧炉排一、二、三段一次风调节挡板切换至手动控制，注意观察燃烧炉排上部温度，调节燃烧炉排上部温度不超过 950℃。

(6) 将燃尽炉排一、二段调节挡板切换至手动控制，调节燃尽段一次风调节挡板开度，维持燃尽炉排上部温度在正常范围（380～580℃）。

(7) 若故障短时间无法消除，汇报值长，申请停炉。

（8）故障处理过程中，避免炉膛温度低于 860℃。

（9）故障处理过程中，避免炉膛低于 860℃后，0.5min 内未启辅助燃烧器，温度未高于 860℃。

（10）故障处理过程中，避免炉膛负压不在正常范围（—200～＋100Pa）。

（11）故障处理过程中，避免燃尽段一次风挡板调节过程中，调节幅度过大（10s 时间内调节幅度大于 10%）。

（12）故障处理过程中，避免燃烧炉排入口挡板调节过程中，调节幅度过大（10s 时间内调节幅度大于 10%）。

（八）炉排故障 8：垃圾发热量高

1. 现象

（1）炉膛温度升高。

（2）主蒸汽流量增加。

2. 处理方法

（1）ACC 系统垃圾厚度控制方式切换至自动控制；缓慢减少垃圾厚度设定值 SV 至 42%。

（2）将燃烧炉排速度控制切换至自动模式，设置燃烧炉排速度设定值 SV 为 90，适当减慢燃烧炉排推料速度。

（3）将燃尽炉排一段调节挡板 A、B 和燃尽炉排二段调节挡板 A、B 投入手动控制，调节燃尽段一次风流量，维持燃尽炉排上部温度在正常范围（400～580℃）。

（4）故障处理过程中，主蒸汽流量稳定至 56t/h 左右。

（5）故障处理过程中，垃圾厚度 PV 值在 42% 左右。

（6）故障处理过程中，计算炉温 $T_0$ 在正常范围（950～1070℃）。

（7）故障处理过程中，炉温变化率稳定（绝对值不大于 3℃/min）。

（8）调节二次风挡板开度，故障处理过程中，维持省煤器出口氧量在正常范围（5%～8%）。

（9）故障处理过程中，避免炉膛温度高于 1200℃。

（10）故障处理过程中，避免炉膛负压不在正常范围（—200～100Pa）。

（11）故障处理过程中，避免汽包压力大于 5.15MPa，锅炉生火排汽阀连锁打开。

（12）故障处理过程中垃圾厚度设定值 SV 调整速度不合理，燃尽炉排着火状态过高。

（九）炉排故障 9：垃圾发热量低

1. 现象

（1）炉膛温度下降。

（2）主蒸汽流量降低。

2. 处理方法

（1）将 ACC 系统主蒸汽流量设定值 SV 逐渐减小至 48t/h，注意调节幅度不可过大，调节过程中注意检查主蒸汽流量和炉温变化率变化情况。

（2）ACC 系统垃圾厚度控制方式切换至自动控制；缓慢增加垃圾厚度设定值 SV 至 52%，注意调节幅度不可过大，调节过程中注意检查主蒸汽流量和炉温变化率变化情况。

（3）将燃尽炉排一段调节挡板 A、B 和燃尽炉排二段调节挡板 A、B 投入手动控制，调节燃尽段一次风流量，维持燃尽炉排上部温度在正常范围（400～580℃）。

（4）故障处理过程中，主蒸汽流量稳定至 48t/h 左右。

（5）故障处理过程中，垃圾厚度 PV 值在 52% 左右。

（6）故障处理过程中，计算炉温 $T_0$ 在正常范围（950～1070℃）。

（7）故障处理过程中，炉温变化率稳定（绝对值不大于 3℃/min）。

（8）调节二次风挡板开度，故障处理过程中，维持省煤器出口氧量在正常范围（5%～8%）。

（9）故障处理过程中，避免炉膛温度低于 860℃。

（10）故障处理过程中，避免炉膛低于 860℃ 后，0.5min 内未启辅助燃烧器，温度未高于 860℃。

（11）故障处理过程中，避免炉膛负压不在正常范围（-200～+100Pa）。

# 参 考 文 献

[1] 杨宏民，何航校. 垃圾焚烧发电运行与维护职业技能等级证书培训教材. 高级. 北京：中国电力出版社，2020.
[2] 王玉召，李祥. 垃圾焚烧发电运行与维护职业技能等级证书培训教材. 中级. 北京：中国电力出版社，2020.
[3] 曾国兵，邢长虹. 垃圾焚烧发电运行与维护职业技能等级证书培训教材. 初级. 北京：中国电力出版社，2020.
[4] 白良成. 生活垃圾焚烧处理工程技术. 北京：中国建筑工业出版社，2009.
[5] 胡桂川，朱新才，周雄. 垃圾焚烧发电与二次污染控制技术. 重庆：重庆大学出版社，2011.
[6] 姜锡伦，屈卫东. 锅炉设备及运行. 3 版. 北京：中国电力出版社，2018.
[7] 李建刚，杨雪萍. 汽轮机设备及运行. 3 版. 北京：中国电力出版社，2017.
[8] 杨义波，张燕侠，杨作梁，等. 热力发电厂. 3 版. 北京：中国电力出版社，2019.
[9] 姚春球. 发电厂电气部分. 2 版. 北京：中国电力出版社，2013.
[10] 周菊华. 城市生活垃圾焚烧及发电技术. 北京：中国电力出版社，2014.
[11] 生态环境部环境工程评估中心. 生活垃圾焚烧发电项目政策法规及标准规范汇编. 北京：中国环境出版社，2017.